TURING

图灵程序
设计丛书

深入Java虚拟机

JVM G1GC的算法与实现

[日] 中村成洋 / 著 吴炎昌 杨文轩 / 译

人 民 邮 电 出 版 社

北 京

图书在版编目(CIP)数据

深入Java虚拟机:JVM G1GC的算法与实现 / (日)中村成洋著;吴炎昌,杨文轩译. -- 北京:人民邮电出版社,2021.1(2023.1 重印)
(图灵程序设计丛书)
ISBN 978-7-115-55452-9

Ⅰ.①深… Ⅱ.①中… ②吴… ③杨… Ⅲ.①JAVA语言—程序设计 Ⅳ.①TP312.8

中国版本图书馆CIP数据核字(2020)第237831号

内 容 提 要

本书深入Java虚拟机底层原理，对JVM内存管理中的垃圾回收算法G1GC进行了详细解读。全书分为“算法篇”和“实现篇”两大部分：前一部分主要介绍G1GC的算法原理，内容包括G1GC的并发标记、转移功能、软实时性的实现和分代G1GC模式；后一部分聚焦算法篇中没有详细讲解的实现部分，基于HotSpotVM源码，讲解对象管理功能、内存分配器的机制、线程管理方法和G1GC的具体实现。

本书以图配文，通俗易懂，既系统介绍了G1GC的基础算法，又贴近现实，剖析了实用JVM中的G1GC实现，同时还包含了作者对G1GC的研究成果和独到见解，是深入理解JVM和G1GC机制的佳作。

本书适合对所有JVM和垃圾回收算法感兴趣的读者阅读。

◆ 著　　　[日] 中村成洋
　译　　　吴炎昌　杨文轩
　责任编辑　高宇涵
　责任印制　周昇亮

◆ 人民邮电出版社出版发行　　北京市丰台区成寿寺路11号
　邮编　100164　　电子邮件　315@ptpress.com.cn
　网址　https://www.ptpress.com.cn
　固安县铭成印刷有限公司印刷

◆ 开本:880×1230　1/32
　印张:7.5　　　　2021年1月第1版
　字数:224千字　　2023年1月河北第7次印刷

著作权合同登记号　图字:01-2017-0781号

定价:59.00元

读者服务热线:(010) 84084456-6009　印装质量热线:(010) 81055316

反盗版热线:(010) 81055315

广告经营许可证:京东市监广登字20170147号

前言

重要的是持续提出问题。①

——阿尔伯特·爱因斯坦

垃圾回收（Garbage Collection，下文简称GC）这门技术有许多谜团。很多程序员不太了解GC程序的运行原理，因此有时它也被称为"秘技"或"魔法"。

拙作《垃圾回收的算法与实现》[1]（下文简称"GC书"）已经解开了这门秘技的大部分谜团。很多读者表示解谜的过程轻松愉快。作为作者之一，我感到非常开心。

这本书和"GC书"一样，全书由"算法篇"和"实现篇"两大部分构成。

在算法篇中，我们将探讨OpenJDK 7（即Java 7）中引入的GC算法——G1GC（Garbage First Garbage Collection）的原理。G1GC中有一个很大的谜团，那就是GC暂停处理的**预测暂停时间**，本书将花上数十页的篇幅来揭示它。

关于G1GC的资料，具有代表性的是由大卫·德特勒夫斯（David Detlefs）等人所写的英语论文[3]。但是那篇论文非常深奥晦涩，只读一遍是无法透彻理解的。

我初次接触那篇论文是在2007年。当时我的英语阅读能力有限，也不怎么了解GC，所以没读多少就放弃了。3年后，我掌握了一定程度的GC知识，所以再次挑战了那篇论文，结果仍然没能彻底理解。在那之后的半年多里，我读完论文读源码，读完源码又去读论文，如此反复，终于彻底理解了全部内容。对于我来说，理解G1GC的过程可以称得上"荆棘之路"了。

① 原句为The important thing is not to stop questioning。——编者注

本书的算法篇比原始论文更加详细地介绍了 G1GC 的算法原理，对于我以前理解起来比较困难的地方，还特意进行了详细的说明，因此内容要比原始论文易于理解。即使是不太了解 GC 的读者，理解起来应该也没有什么问题。

在实现篇中，我们将结合实用 JVM，聚焦算法篇中没有详细讲解的实现部分。

首先，我们会了解 HotSpotVM。现在，HotSpotVM 实现了包括 G1GC 在内的 5 种 GC 算法。不过这些算法并非凭空而来，而是基于 HotSpotVM 中专为 GC 算法设计的框架实现的。因此，接着我们就会了解作为框架之一的对象管理功能。得益于对象管理功能的接口，多种 GC 算法之间的切换成为可能，而且新 GC 算法的添加也变得更加简单。之后，我们会了解对象的数据结构和内存分配器。有关分配器的讲解会稍微涉及对操作系统的调用。除此以外，我们还将了解 G1GC 中用到的线程管理方法。HotSpotVM 内部同样也有能够在 GC 过程中简单地操作线程的框架，各种 GC 算法都是通过这个框架来实现并行 GC 和并发 GC 的。

再后面就是 G1GC 的具体实现，讲解了 G1GC 的并发标记和转移，以及调度程序的实现。这部分尽量省略了算法篇中已经详细讲解过的内容，着重讲解前面没有涉及的内容。

对于 G1GC，我曾有过不少疑问。比如“G1GC 是如何实现精准 GC 的”和“实现了这么多 GC 不会导致写屏障变慢吗”，等等。因此我研究了 G1GC 的实现方式，并将得到的结果放在了本书的最后两章。

本书的目的在于将我走过的“荆棘之路”变成更多人易于踏上的坦途。希望各位读者轻松愉快地走过这条坦途，用最短的时间掌握 G1GC。这就是我的心愿。

最后，我想借此机会对那些始终相信并支持我写作本书的赞助人表示感谢，真的非常感谢你们！

注意事项

本书的算法篇是对德特勒夫斯等人的 G1GC 论文的详细解读，不过相对于论文，理解起来会更轻松。对于论文内容和实际实现[1]有出入的地方，本书以实现为准进行了适当的修正，因此个别地方会与原始论文不同。

此外，部分 G1GC 算法已经在美国取得了专利[2]，因此在实现并公开 G1GC 时请注意不要侵犯他人的专利权。

读者对象

本书适合对所有 JVM 和 GC 感兴趣的读者阅读。

本书是对“GC 书”的补充。只要读过“GC 书”，就应该能理解本书的内容。不过即使没有读过，只要具备一些 GC 的基础知识，阅读本书应该也不成问题。具体来说，需要事先掌握标记—清除 GC、复制 GC 和增量 GC 等的基础算法。关于这些基础知识，请参考“GC 书”。

如果不具备任何 GC 相关的知识，而且也不打算阅读“GC 书”，那么建议先自己在网络上简单了解一下 GC。

另外，本书还适合对实现 OpenJDK 7 的内存管理感兴趣的人阅读。由于本书实现篇会引用算法篇中的内容，因此建议大家按照顺序从头开始阅读。

本书中的符号

图中的箭头

本书的插图中会出现各种各样的箭头。关于本书中主要使用的箭头，请参考图 0.1。

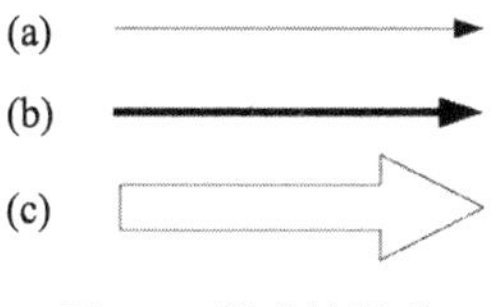

图 0.1　箭头的样式

① G1GC 在 OpenJDK 7 中得到了实现。源码可以从 OpenJDK 的官网获得。

② 美国专利号为 7340494。

箭头 (a) 表示引用关系，用于从根[1]到对象的引用等。

箭头 (b) 表示赋值操作和转移操作，用于给变量赋值、复制对象、转移对象等。它还可以在执行示意图中用来表示正在执行处理（参见第 ix 页的图 0.2）。

箭头 (c) 表示时间的流逝。

伪代码

为了帮助读者理解 GC 算法，本书采用伪代码进行解说。关于用到的伪代码，后文中会说明其表示法。

命名规则

变量以及函数都用小写字母表示（例：obj）。常量都用大写字母表示（例：COPIED）。另外，本书用下划线连接两个及两个以上的单词（例：free_list、update_ptr()、HEAP_SIZE）。

空指针和真假值

设真值为 TRUE，假值为 FALSE。拥有真假值的变量 var 的否定为 not var。

除此之外，本书用 Null 表示没有指向任何地址的指针。

函数

本书采用与一般编程语言相同的描述方法来定义函数。例如，我们将以 arg1、arg2 为参数的函数 func() 定义如下。

```
1: def func(arg1, arg2):
2: ...
```

当以整数 100 和 200 为实参调用该函数时，写作 func(100, 200)。

缩进

我们将缩进也算作语法的一部分。例如像下面这样，用缩进表示 if

① 根（root）：追踪对象引用关系时的“起点”。

语句的作用域。

```
1: if True:
2:   a = 1
3:   b = 2
4:   c = 3
5: d = 4
```

在上面的例子中，只有当 test 为真时，才会执行第 2 行到第 4 行。第 5 行与 test 的值没有关系，所以一定会被执行。我们把缩进长度设为两个空格。

此外，全局变量（所有函数都可以访问的变量）的开头要加上 $ 前缀。例如 $global。

指针

在 GC 算法中，指针是不可或缺的。我们用星号（*）来访问指针所引用的内存空间。例如我们把指针 ptr 指向的对象表示为 *ptr。

域

我们可以用 obj.field 来访问对象 obj 的域 field。例如，我们要想在对象 girl 的各个域 name、age、job 中分别代入值，可按如下书写。

```
1: girl.name = "Alice"
2: girl.age = 30
3: girl.job = "lawyer"
```

for 循环

给整数增量的时候，我们使用 for 循环。例如用变量 sum 求 1 到 10 的和，代码如下所示。

```
1: sum = 0
2: for i in range(1, 10):
3:   sum += i
```

队列

GC 中经常用到队列这种数据结构。队列是先进入的数据先取出，即 FIFO（First-In First-Out，先进先出）式的数据结构。

我们用 `enqueue()` 函数给队列添加数据，用 `dequeue()` 函数从队列中取出数据，用 `enqueue(queue, data)` 向队列 queue 中添加数据 data，用 `dequeue(queue)` 从 queue 取出并返回数据。

特殊的函数

除了上面介绍的函数之外，还有一个会在伪代码中出现的特殊函数。

`copy_data()` 是复制内存区域的函数。我们用 `copy_data(ptr1, ptr2, size)` 把 `size` 个字节的数据从指针 `ptr2` 指向的内存区域复制到 `ptr1` 指向的内存区域。这个函数跟 C 语言中的 `memcpy()` 函数用法相同。

并行 GC 和并发 GC

本书中即将介绍的 G1GC 算法组合使用了并行 GC（parallel GC）和并发 GC（concurrent GC）。这里先介绍一下这两种 GC 的基础知识，以便大家在阅读正文时能更好地理解它们在 G1GC 中是如何被使用的。

一般来说，**以多线程执行的 GC** 就被称为并行 GC/ 并发 GC。简单的 GC 以单线程执行为前提，而并行 GC/ 并发 GC 的前提是多线程执行。因为这样可以更高效地发挥多个处理器的性能，进而达到缩短暂停时间的目的。

“并行”“并发”这两个词虽然长得很像，但是在 GC 中的意思完全不同。

并行 GC 会先暂停 mutator[①] 的运行，然后开启多个线程并行地执行 GC（图 0.2）。

① mutator：一般指“应用程序”，用于改变（mutate）GC 对象之间的引用关系。

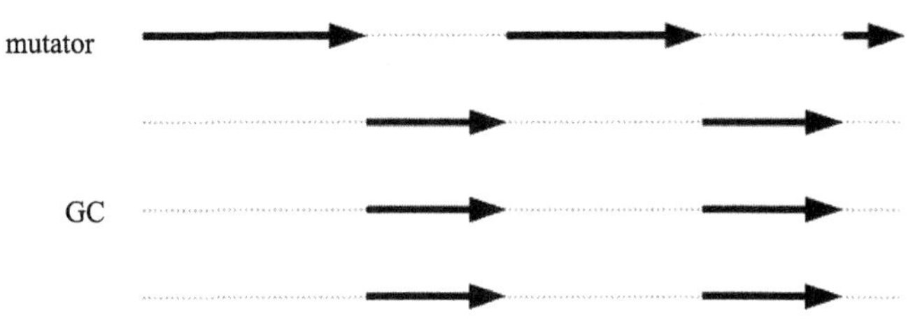

图 0.2 并行 GC 的执行示意图

暂停 mutator，多个线程并行执行 GC。

而并发 GC 是在不暂停 mutator 运行的同时，直接开启 GC 线程，并发地执行 GC（图 0.3）。

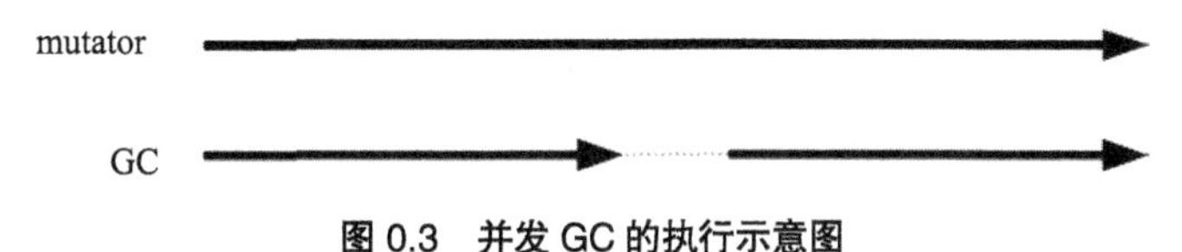

图 0.3 并发 GC 的执行示意图

不暂停 mutator，GC 线程和 mutator 并发执行。

并行 GC 的目标是**尽量缩短 mutator 的暂停时间**，而并发 GC 的目标是**消除 mutator 的暂停时间**。

需要注意的是，因为并发 GC 是和 mutator 并发执行的，所以在标记存活对象的过程中，对象的引用关系可能会被 mutator 改变。GC 线程需要知道到这种引用关系的变化，于是并发 GC 采用了增量式 GC 中也有的写屏障[①]技术。

并行 GC 虽然需要暂停 mutator，但算法实现起来比较简单；并发 GC 不需要暂停 mutator，算法的实现却比较复杂。

另外，并行 GC 和并发 GC 可以配合起来使用。本书中即将介绍的 G1GC 正是如此。在 G1GC 中，大多数时候 GC 线程和 mutator 会并发地执行 GC，但是在个别阶段的处理中，出于算法的考虑则需要暂停 mutator。这时，G1GC 就会启动多个线程，通过并行处理来缩短 mutator 的暂停时间。

---

① 写屏障：一种处理技术，用于记录由 mutator 改变的对象之间的引用关系。

代码中的表示方法

在实现篇中，为了让 OpenJDK 的部分代码更易于阅读，本书在展示代码时有所省略和修改。

部分省略如下所示。

- 用于调试的代码
- 异常处理的代码

部分修改如下所示。

- 修改缩进
- 换行
- 英语注释的翻译
- 为便于说明添加了一些注释
- 为便于说明进行了宏展开

在正文代码中，以上省略和修改恕不逐行标注。

致谢

感谢阅读过本书原稿并给出许多评论的下列朋友们：稻叶一浩、finalfusion、mokehehe、三浦英树、相川光、樱庭祐一和中村实。

感谢达人出版会的高桥征义先生。他对本书编辑工作的辛勤付出和耐心让我有更多的时间专注于本书的创作。

还有本书审阅者之一的相川光先生，我们在合著“GC 书”时，曾一起将 G1GC 的论文翻译成了日语。在写作本书的过程中，我也多次参考了这份译稿。这里再次表示感谢。

最后，我想感谢一下对我用蹩脚英语提出的问题也进行了耐心解答的 G1GC 之父——HotSpotVM 的 GC 开发团队。

I would like to thank Developer of HotSpotVM's GC.

目录

算法篇

第1章 G1GC是什么

第2章 并发标记

第3章 转移

第 4 章 软实时性

第 5 章 分代 G1GC 模式

第 6 章 算法篇总结

实现篇

第7章 准备工作

第8章 对象管理功能

第9章 堆结构

第10章 分配器

第 11 章 对象结构

第 12 章 HotSpotVM 的线程管理

第 13 章 线程的互斥处理

第 14 章 GC 线程（并行篇）

第 15 章 GC 线程（并发篇）

第 16 章 并发标记

第 17 章 转移

第 18 章 预测与调度

第 19 章 准确式 GC 的实现

■本书主页

ituring.cn/book/1922

■注意事项

①与本书内容相关的网址，均可在本书主页下方的“相关文章”处查询

②本书记载的软件或服务的版本、URL 等都是 2012 年 5 月撰写时的信息。这些信息可能会发生变更，敬请知悉

③本书出版之际，我们力求内容的准确性，但是作者、人民邮电出版社和译者均不对内容做任何保证，对于运用本书内容所造成的任何结果，不承担任何责任

④本书中出现的公司名称、产品名称皆为各公司的商标或注册商标，正文中省略了 ®、TM 等标识

G1GC

Garbage First Garbage Collection

算法篇

算法篇

1 G1GC 是什么

本章将介绍 G1GC 的基础知识。

1.1 G1GC 和实时性

G1GC 最大的特征是非常重视实时性。本节首先会介绍一般意义上的实时性，然后再探讨 G1GC 中的实时性是什么样的。

1.1.1 实时性

处理实时性的要求是，它必须能在最后期限（deadline）之前完成。

最后期限可以自由指定。如果指定的期限较短，那么程序就要保证在短时间内完成处理；相反，如果指定的期限较长，那么程序只要能保证在这个较长的时间内完成处理就可以了。

另外，即使同为实时程序，如果处理内容不同，最后期限的重要性也会很不一样。有些处理只要超出最后期限一次，就会带来致命的问题，而有些处理稍微打破几次最后期限也不会有太大的问题。这两种处理分别称为"**硬实时性**（hard real-time）处理"和"**软实时性**（soft real-time）处理"。

1.1.2 硬实时性和软实时性

硬实时性的处理，多存在于保护人类免于受伤、远离危险，以安全为第一位的场景中。例如，医疗机器人控制系统、航空管制系统等都会要求硬实时性。如果这类系统中的处理超出了最后期限，很可能出现致命的问题。而且，硬实时性的处理必须在处理开始后的很短时间内完成。

软实时性处理多用于稍微超出几次最后期限也没什么问题的系统中，例如网络银行系统。用户总会期待所有的交易都能完美地处理好，但是稍微超出几次最后期限，比如交易完成界面的展示慢了一些，应该也不会构成致命的问题。

软实时性的处理可以超出最后期限，但超出期限的频率很重要。只有超出频率在用户能够容忍范围之内的处理，我们才能说它具备软实时性。

1.1.3 可预测性

《Java 并发编程实战》[2] 的作者之一布赖恩 · 戈茨（Brian Goetz）曾在一篇文章 [7] 中像下面这样写道：

> 实时处理很多时候会与“高速性”相关。但是，高速性其实只是实时处理的特征之一。
>
> 对于实时处理来说，真正重要的特征是“可预测性”。

实时处理必须尽力保证不超出最后期限。因此相比高速性，**可预测性**更重要一些。

这里所说的可预测性，指的是“可以预测处理大约会耗费多长时间”。即使处理速度再快，如果无法在执行前预测出需要的时间，处理也是没有使用价值的——因为该处理存在随时超出最后期限的可能。如果能够预测出大致的处理时间，就可以据此来评估是否会超出最后期限。如果有超出期限的可能，就可以事先采取应对措施，例如对处理内容进行分解。

因此，在保证实时性方面，可预测性是一个重要的因素。

1.1.4 G1GC 中的实时性

G1GC 具有软实时性。为了实现软实时性，它具备以下两个功能。

① 设置期望暂停时间（最后期限）

② 可预测性

①是支持用户自定义 mutator 暂停时间的功能。G1GC 具有软实时性，因此会尽力保证处理不超过该暂停时间。

②是用来预测下次 GC 会导致 mutator 暂停多长时间的功能。根据预测出来的结果，G1GC 会通过延迟执行 GC、拆分 GC 目标对象等手段来遵守①中设置的期望暂停时间。通过这种方式，能够尽量减少超出用户期望暂停时间的频率，从而实现软实时性。

1.1.5 Java 中出现 G1GC 的背景

Java（OpenJDK）中已经存在并行 GC、并发 GC 和增量 GC[①] 等多种 GC 算法。除了 Java 之外，没有哪种语言提供这么多的 GC 算法供用户选择。那么，Java 为什么还要增加新的算法 G1GC 呢？

现在，Java 语言广泛用于服务端应用程序的开发，而其中有些应用程序需要具备软实时性。例如，管理电话呼叫的服务端应用程序等（实际上已经存在一些用 Java 语言实现的应用程序了[②]）。

这类应用程序当前主要是采用增量 GC 或者并发 GC 来缩短最大暂停时间的。但是，缩短最大暂停时间很容易导致吞吐量[③]下降。还有，因为无法预测暂停时间，GC 可能会有 mutator 长时间停止的风险。

于是 G1GC 诞生了，其目的就是高效地实现软实时性。Java 先前的 GC 算法都在一味地尝试缩短最大暂停时间，而 G1GC 则是让用户去设置期望暂停时间。用户按照自己的需求设置合适的 GC 暂停时间，在确保吞吐量比以往的 GC 更好的前提下，实现了软实时性。

另外，追求软实时性的服务端应用程序，大都运行在拥有巨大的

---

① 增量 GC：通过慢慢地进行 GC 来缩短 mutator 最大暂停时间的一种手段。

② 出自参考文献 [3] 中的“1.INTRODUCTION”。

③ 吞吐量：单位时间内回收垃圾的量。如果 GC 的吞吐量下降，总的暂停时间就会变长。

堆[1]和多处理器的服务器设备之上。因此，内部的GC算法必须能够在短时间内以高吞吐量来处理巨大的堆，而且还要高效地发挥多处理器的优势。G1GC的设计就很符合这些要求，它能够最大程度地利用服务器上多处理器的优势，而且在处理巨大的堆时，也不会降低GC的性能。

1.2 堆结构

G1GC中的堆结构和列车GC[2]中的堆结构非常相似。

堆的内部被划分为大小相等的区域，所有区域排列成一排。G1GC以区域为单位进行GC。用户可以随意设置区域大小，但是内部会将用户设置的值向上调整为2的指数幂（2^n），并以该正数作为区域的大小（图1.1）。

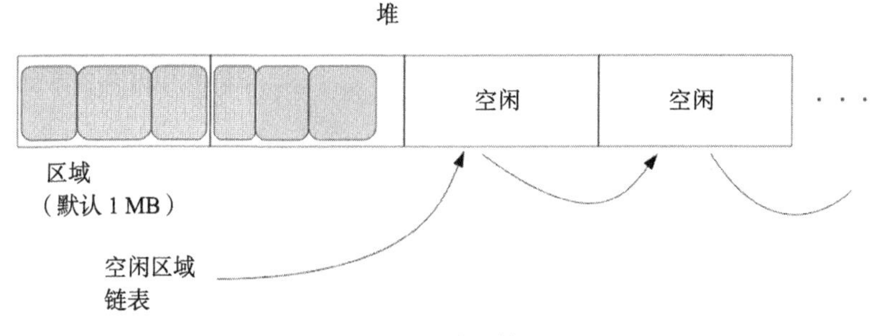

图1.1 堆结构

如果正在分配对象的某个区域已经满了，GC线程会寻找下一个空闲的区域来继续分配。空闲区域是通过链表进行管理的，因此查找的时间复杂度是固定的$O(1)$。

1.3 执行过程

下面我们简要地介绍一下G1GC的执行过程。G1GC主要有下面两

① 堆：程序运行时用于创建对象的内存区域。

② 详情可参考“GC书”算法篇中的7.7节。

个功能。

① 并发标记（concurrent marking）
② 转移（evacuation）

①**并发标记**基本能和 mutator 并发执行，会针对区域内所有的存活对象[①]进行标记。

②**转移**负责释放堆中死亡对象所占的内存空间。

首先，从众多区域中选择一个进行 GC 操作。如果该区域中有存活对象，则将其复制到其他空闲区域中（图 1.2）。

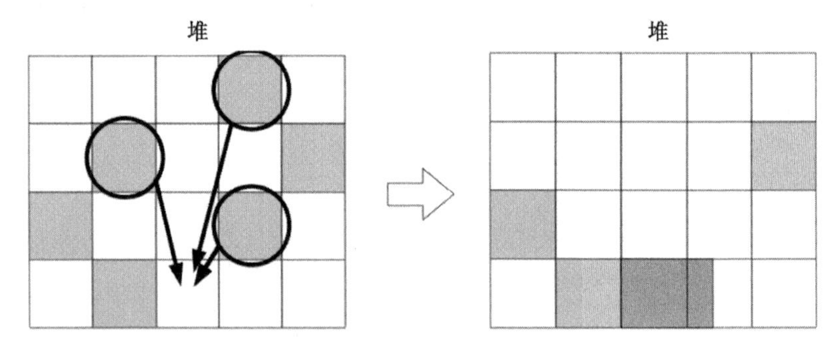

图 1.2 堆的状态

白色区域是空闲区域，灰色区域是使用中的区域。左图表示的是在选中区域后开始将存活对象复制到空闲区域的操作；右图表示的是转移后堆的状态。为了方便展示，图中的区域以二维的方式排列，但是在内存中其实是如图 1.1 所示排列成一排的。

当选择的空闲区域也满了的时候，GC 线程会再次选择其他空闲区域来存放存活对象。对象复制完成之后，只剩下死亡对象[②]的区域会被重置为空闲区域以便复用。

转移其实也起到了压缩[③]的作用，因此 G1GC 中的区域不会发生碎

① 存活对象：活着的对象，即有可能被程序使用的对象。
② 死亡对象：已死亡的对象，即不可能再被程序使用的对象。
③ 压缩：将存活对象挤到内存中同一侧的操作。因为压缩之后对象之间没有空隙，所以区域不会有碎片化的问题。

片化[1]。

1.4 并发标记和转移

正如上一节中提到的那样，G1GC 的主要功能是并发标记和转移。其中并发标记由**并发标记线程**来执行。

并发标记的作用是在尽量不暂停 mutator 的情况下标记出存活对象。而且，还需要在并发标记结束之后记录下每个区域内存活对象的数量。这个信息在转移时会用到。

转移的作用是将待回收区域内的存活对象复制到其他的空闲区域，然后将待回收区域重置为空闲状态。这很像复制 GC 算法，只不过是以区域为单位进行的。

需要注意的是，并发标记和转移在处理上是**相互独立**的。并发标记的结果信息对于转移来说并不是必须的。因此，转移处理可能发生在并发标记开始之前，也可能发生在并发标记的过程中。

① 碎片化：对象零散地存在于堆中的现象。

2 并发标记

本章将详细介绍并发标记。并发标记的主要作用是提供转移过程所需要的信息。

2.1 什么是并发标记

在简单标记中，所有可从根直接触达的对象都会被添加标记。带标记的是存活对象，不带标记的是死亡对象。

图 2.1 表示标记开始时和结束时的堆的状态。标记结束后，可从根触达的对象 a、b、c 都带有标记，而对象 d、e 则会因为不带标记而被当作死亡对象处理。

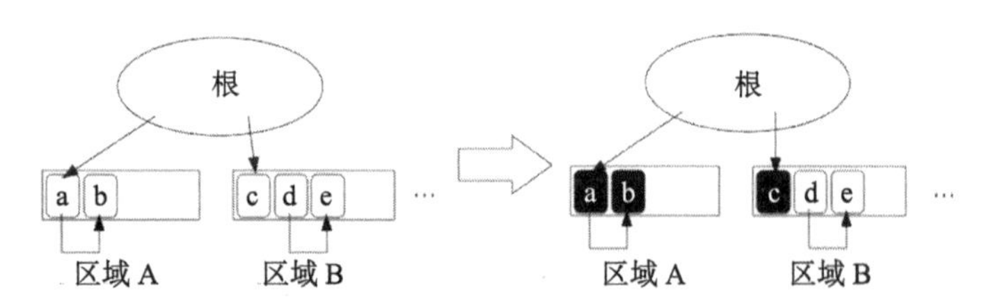

图 2.1　标记开始时和结束时的堆的状态

对象 a、c 由根直接引用。标记结束后，可从根触达的对象 a、b、c 都带有标记。这里用黑色来表示它们。

在并发标记中，存活对象的标记和 mutator 的运行几乎是并发进行的。相比简单标记而言，并发标记的执行步骤更加复杂。详情将在 2.3 节中介绍。

需要注意的是，并发标记其实并不是直接在对象上添加标记，而是在**标记位图**[①]上添加标记。

2.2 标记位图

图 2.2 表示堆中的一个区域。位图中的黑色表示已标记，白色表示未标记。

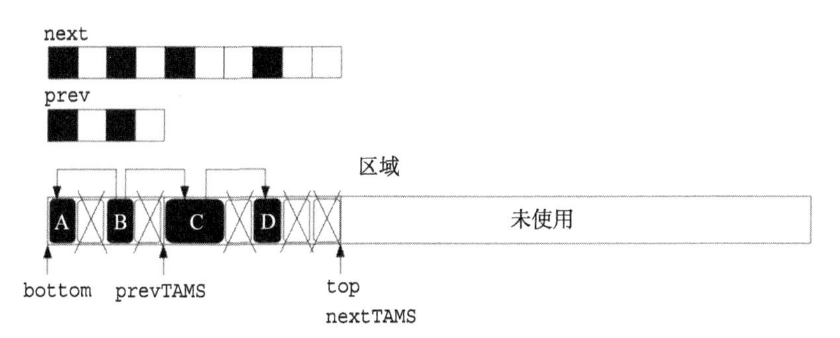

图 2.2　标记位图和区域的内部结构

位图中的黑色表示已标记，白色表示未标记。黑色的是存活对象，带有叉号的是死亡对象。

每个区域都带有两个标记位图：next 和 prev。next 是本次标记的标记位图，而 prev 是上次标记的标记位图，保存了上次标记的结果。

标记位图中每个比特都对应着关联区域内的对象的开头部分。我们假设单个对象的大小都是 8 个字节，那么每 8 个字节就会对应标记位图中的 1 个比特。图中标记位图里黑色的地方表示比特值是 1，白色的地方表示比特值是 0。相应地，区域内黑色的是存活对象，带有叉号的是死亡对象。

图 2.2 中的 bottom 表示区域内众多对象的末尾，top 表示开头。nextTAMS 中的 TAMS 是“Top At Marking Start”（标记开始时的 top）的缩写。nextTAMS 保存了本次标记开始时的 top，而 prevTAMS 保存了上次标记开始时的 top。

① 标记位图：将用于标记的比特值等信息单独拿出来放到其他地方，用来匹配对应的对象。

2.3 执行步骤

并发标记过程包括以下 5 个步骤。

① 初始标记阶段
② 并发标记阶段
③ 最终标记阶段
④ 存活对象计数
⑤ 收尾工作

下面分别简单介绍一下各个步骤。

①暂停 mutator 的运行，标记可由根直接引用的对象。后文中，我们将需要暂停 mutator 的处理称为**暂停处理**（pause）。

②标记（扫描）①中标记的对象所引用的对象。本步骤会开启并发标记线程进行标记，这个过程和 mutator 的运行是并发进行的。

③暂停处理。本步骤会扫描②中没有标记的对象。在本步骤结束之后，堆内所有存活的对象都会被标记。

④对每个区域中被标记的对象进行计数。这个过程也是和 mutator 并发进行的。

⑤暂停处理。本步骤主要进行一些收尾工作，并为下次标记做准备。在本步骤结束之后，整个并发标记过程全部结束。

其中，②、③、④、⑤这 4 个步骤一般都会开启多个线程，并行地执行任务。但是，本书中为了便于读者理解，会以单线程执行为前提展开讨论。

2.4 步骤①——初始标记阶段

从本节开始，我们将详细介绍并发标记过程中各个步骤的处理内容。图 2.3 表示的是堆中的某个区域。

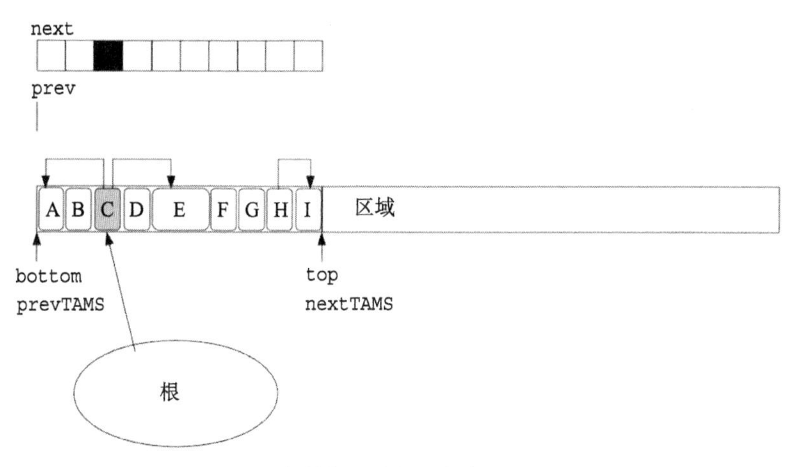

图 2.3 初始标记阶段结束后区域的状态

本图和图 2.2 中选取的是不同的区域。灰色对象表示的是未扫描的对象。

在初始标记阶段，GC 线程首先会创建标记位图 `next`。`nextTAMS` 指的就是标记开始时 `top` 所在的位置，所以在这里我们将它和 `top` 对齐。在创建位图时，其大小也和 `top` 对齐，为“(`top-bottom`)/8”字节。这些处理都是和 mutator 并发进行的。

对可由根直接引用的对象进行标记的过程叫作**根扫描**。等所有区域的标记位图都创建完成之后，就可以开始进行根扫描了。

为了防止在根扫描的过程中根被修改，在这个过程中 mutator 是暂停执行的。虽然 G1GC 中采用的写屏障技术可以获知对象的修改，但是大多数根并不是对象，它们的修改并不能被写屏障获知，因此在进行根扫描时必须暂停 mutator 的执行。

根需要频繁修改，所以其中大部分不在写屏障可以获知的范围内。也许 G1GC 的设计者认为，与其频繁地通过写屏障去获知修改的方式，还不如直接暂停 mutator 来进行根扫描的方式性能更佳。

如果一个对象本身被标记了，但其子对象并没有被扫描，我们就称它为**未扫描对象**。图 2.3 使用灰色表示未扫描对象。虽然图中该对象已在根扫描中被标记，但其子对象还没有被扫描到，所以是未扫描对象（灰色）。也就是说，对象 C 持有子对象 A 和 E，但是因为根扫描不会扫描子对象，所以对象C作为未扫描对象被表示为灰色。未扫描对象C的处理会在后面2.5节中讲解。

完成根扫描后，mutator会再次开启执行，GC处理也会进入下一阶段。

读屏障

有一种和写屏障相对应的技术，叫作**读屏障**。写屏障用来获知对象的修改，而读屏障用来获知引用的读取。

读屏障有多种实现方式，例如可以在寄存器调取内存的时候触发读屏障。

读屏障可以获知所有的引用读取，因此也能获知根的变更，所以如果使用读屏障，就不需要在根扫描时暂停mutator了。

这样看来读屏障似乎很完美，但实际上它有一个致命的缺点——慢。对所有的引用读取行为都进行处理，其实对系统来说是很大的负担。因此人们几乎不会使用读屏障。

2.5 步骤②——并发标记阶段

在并发标记阶段，GC线程继续扫描在初始标记阶段被标记过的对象，完成对大部分存活对象的标记。为什么说是大部分对象而不是全部对象呢？这个会在2.6节中解释。

图2.4表示的是并发标记阶段结束后区域的状态。对象C的子对象A和E都被标记了。像E这样，一个对象对应了标记位图中多个位的情况，只有起始的标记位（mark bit）会被涂成黑色。

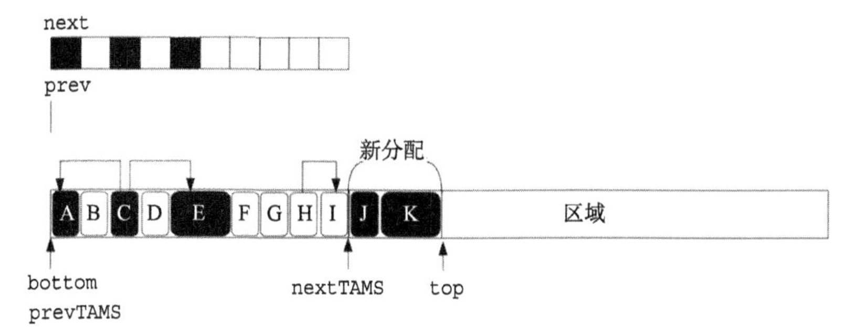

图 2.4 并发标记阶段结束后区域的状态

对象 C 的子对象 A 和 E 被涂成了黑色。在并发标记执行期间新创建的对象 J 和 K 也在区域内被分配了空间。对象 J 和 K 也被涂成了黑色，因此会被 GC 当成存活对象。

并发标记阶段的一个重要特点是 GC 线程和 mutator 是并发执行的。因为 mutator 在执行过程中可能会改变对象之间的引用关系，所以如果只采用一般的标记方法，可能会发生“标记遗漏”[①]。因此，必须使用写屏障技术来记录对象间引用关系的变化。针对这种情况，G1GC 中所采用的写屏障将在 2.5.1 节中介绍。并发标记阶段也会标记和扫描被写屏障获知变化的对象。

处理完待标记对象之后，就会进入最终标记阶段。

2.5.1 SATB

SATB（Snapshot At The Beginning，初始快照）是一种将并发标记阶段开始时对象间的引用关系，以逻辑快照的形式进行保存的手段[②]。在 SATB 中，标记过程中新生成的对象会被看作“已完成扫描和标记”，因此其子对象不会被标记。图 2.4 中 `nextTAMS` 和 `top` 之间的对象 J 和 K 就是在标记过程中新生成的对象。因为它们的引用关系在标记开始时并不存在，所以它们都会被当成存活对象。因此，也不必专门为标记过程中新生成的对象创建标记位图。这样我们就明白为什么图 2.4 中对象 J

① 详情请参考“GC 书”算法篇中的 8.1.4 节。

② 详情请参考“GC 书”算法篇中的 8.4 节。

和K没有对应的标记位图了。

另外，如果在并发标记的过程中对象的域上发生了写操作，就必须以某种方式记录下被改写之前的引用关系。G1GC通过对**汤浅的算法**[①]稍加优化而得到的写屏障技术，实现了这个功能。因为优化后的写屏障是用于SATB的，因此我们称之为**SATB专用写屏障**。SATB专用写屏障的伪代码如代码清单2.1所示。

代码清单2.1 satb_write_barrier()函数

```
1: def satb_write_barrier(field, newobj):
2:   if $gc_phase == GC_CONCURRENT_MARK:
3:     oldobj = *field
4:     if oldobj != Null:
5:       enqueue($current_thread.stab_local_queue, oldobj)
6:
7:     *field = newobj
```

参数field表示被写入对象的域，参数newobj表示被写入域的值。第2行的GC_CONCURRENT_MARK用来表示并发标记阶段的标志位（flag）。第4行会检查当前是否处于并发标记阶段且被写入之前field域的值是不是Null。如果检查通过，则在第5行将oldobj添加到$current_thread.stab_local_queue中。然后，在第7行进行实际的写入操作。

这个算法没有对oldobj进行任何标记处理，这一点和汤浅的算法不同。原生算法会在第4行检查oldobj是否带标记，然后在第5行进行标记，但G1GC的这个算法不会对oldobj进行标记。具体原因会在2.5.2节中介绍。

另外，在实现SATB专用写屏障的实现考虑到了多线程环境下的执行。其中的奥妙就在于第5行的$current_thread.stab_local_queue（SATB本地队列）。$current_thread.stab_local_queue是mutator各自持有的线程本地队列，而非全局的队列，因此在执行

① 汤浅的算法：由汤浅太一于1990年开发的算法。这种算法是以GC开始时对象间的引用关系为基础来执行GC的。详情请参考“GC书”算法篇中的8.4节。
——编者注

enqueue() 时不用担心线程之间会发生资源竞争。

如图 2.5 所示，SATB 本地队列在装满（默认大小为 1 KB）之后，会被添加到全局的 **SATB 队列集合**中。这些被添加的 SATB 本地队列，都是并发标记阶段的待标记对象。

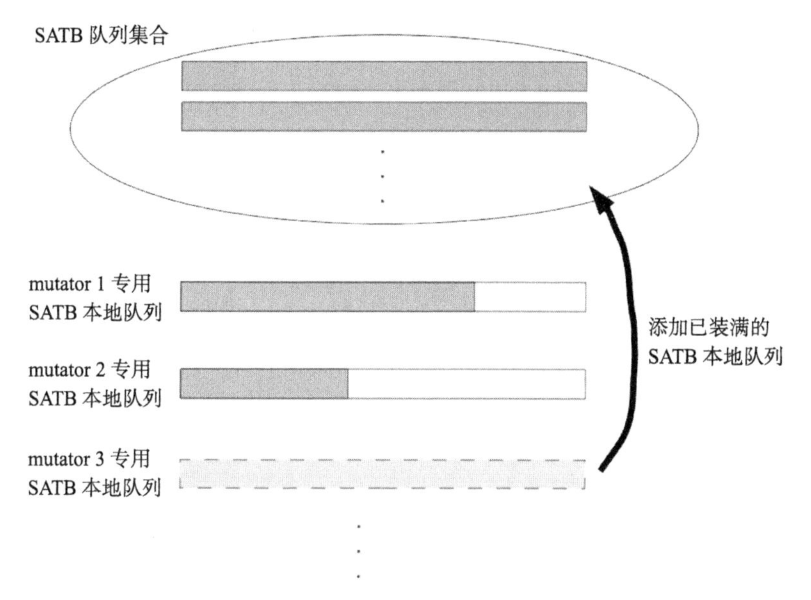

图 2.5 SATB 队列集合和 SATB 本地队列

在并发标记阶段，GC 线程会定期检查 SATB 队列集合的大小。如果发现其中有队列，则会对队列中的全部对象进行标记和扫描。前面已经讲过，SATB 专用写屏障并不检查目标对象是否被标记，因此队列中可能存在已经被标记的对象。这些已经被标记的对象不会再次被标记和扫描。

另外，比起 2.5 节中提到的“从根开始逐一扫描存活对象并进行标记的处理”，扫描 SATB 队列集合的处理优先级更高。这是因为，写屏障会不断地往 SATB 本地队列中添加对象，但是对象间引用关系的变化并不会改变存活对象的触达链路的总条数。因此，扫描 SATB 队列集合，比扫描存活对象触达链路的优先级更高也是合理的。

2.5.2 SATB 专用写屏障的优化

和汤浅的算法相比，SATB 专用写屏障有以下两点不同之处。

① 不检查目标对象是否被标记
② 不对目标对象进行标记

但是①和②的处理并不是消失了，而是由 GC 线程在并发标记过程中处理了。这样做就可以减少写屏障的开销，增加并发标记的开销。

这种优化的目的，在于将写屏障的系统负荷转移到并发标记处理中，从而分担 mutator 的负担。因为 mutator 会频繁地执行写屏障，所以减少写屏障的开销也会减轻 mutator 的负担。而且，并发标记处理是由 GC 线程和 mutator 并发执行的，所以多个 mutator 就能平摊这些负担，进而减轻单个 mutator 的负担。

如果把这些优化放到不支持并发标记的 GC 中，该 GC 的负荷反而会增加。这种针对写屏障的优化，可以说是专为采用了并发标记的 G1GC 设计的。

2.5.3 SATB 专用写屏障和多线程执行

我们再看一下代码清单 2.2。

代码清单 2.2 satb_write_barrier() 函数（再次出现）

```
1: def satb_write_barrier(field, newobj):
2:   if $gc_phase == GC_CONCURRENT_MARK:
3:     oldobj = *field // (a)
4:     if oldobj != Null:
5:       enqueue($current_thread.stab_local_queue, oldobj) // (b)
6:
7:     *field = newobj // (c)
```

代码清单 2.2 中的代码会在各 mutator 的对象发生改写时被调用执行。但是，代码中 (a) 到 (c) 的步骤并没有加锁，所以如果多个线程同时改写域 `*field`，oldobj 就可能会存入意想不到的值。

例如下面这样的场景。

- *field的值是obj0（对象的地址）
- t1（线程1）想要往*field中写入obj1
- t2（线程2）想要往*field中写入obj2

如果t1和t2按照先后顺序执行，那么t1会往SATB本地队列中写入obj0，t2会写入obj1。但是t1和t2也有可能按照以下顺序执行。

① t1 执行 (a)：oldobj = obj0
② t2 执行 (a)：oldobj = obj0
③ t1 执行 (b)：obj0 被添加到 $current_thread.stab_local_queue 中
④ t2 执行 (b)：obj0 被添加到 $current_thread.stab_local_queue 中
⑤ t1 执行 (c)：*field = obj1
⑥ t2 执行 (c)：*field = obj2

在这种情况下，*field最终会被t2写入obj2。但是t1写入的obj1并不会被添加到SATB本地队列中。也就是说，obj1并没有被SATB专用写屏障获知。这看起来像是致命的缺陷，但实际上，即使obj1没有被添加到SATB本地队列中也没有关系。

SATB专用写屏障本来是用来防止发生标记遗漏的，那么obj1没有被添加到SATB本地队列这件事会不会导致标记遗漏呢？

图2.6表示的是obj1未被SATB专用写屏障获知时对象之间的关系。我们假定并发标记进行到了obj3。由于obj1不会被添加到SATB本地队列中，所以会保持为白色。而obj0会被添加到SATB本地队列中，所以会变成灰色。但是在后续扫描obj4时，obj1最终还是会被标记，所以不存在标记遗漏。

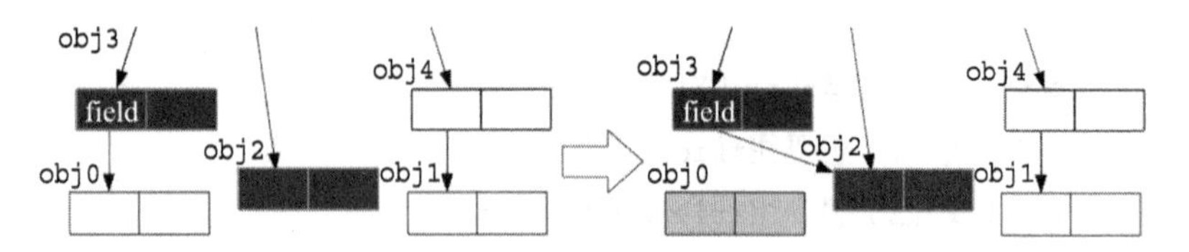

图 2.6 obj1 未被 SATB 专用写屏障获知时对象之间的关系

标记完成的对象用黑色表示；添加到 SATB 本地队列中的对象用灰色表示；其余对象用白色表示。

那么，如果 obj1 不再被 obj4 引用，而变为被 obj2 引用时，情况又是怎样的呢？图 2.7 进行了演示。

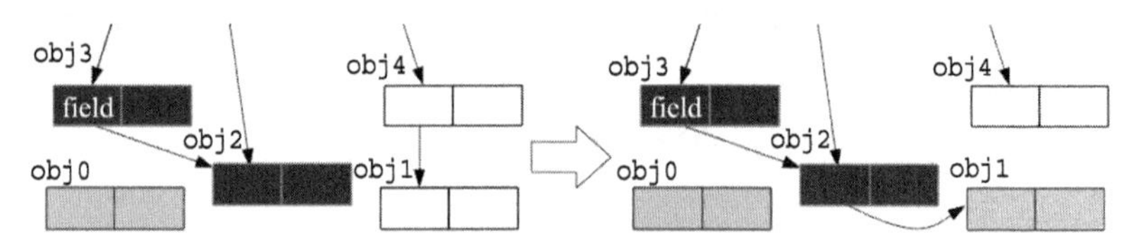

图 2.7 obj1 不再被 obj4 引用，变为被 obj2 引用时对象之间的关系

当来自 obj4 的引用消失时，obj1 就会变成灰色。

在这种情况下，来自 obj4 的引用消失会被 SATB 专用写屏障获知，obj1 会变成灰色，所以也不会有问题。

SATB 专用写屏障会记录下并发标记阶段开始时对象之间的引用关系。这么来看，因为 obj3 对 obj1 的引用在并发标记阶段开始时并不存在，所以根本没有必要记录 obj1。相反，因为 obj3 对 obj0 的引用在并发标记阶段开始时就存在，所以记录 obj0 是有必要的。

代码清单 2.2 中 (a) 到 (c) 的步骤虽然没有加锁，但是 SATB 专用写屏障技术严格遵守了前面这些约束条件，所以即使不记录 obj1 也是没有问题的。

2.6 步骤③——最终标记阶段

最终标记阶段的处理是暂停处理，需要暂停 mutator 的运行。

因为未装满的 SATB 本地队列不会被添加到 SATB 队列集合中，所以在并发标记阶段结束后，各个线程的 SATB 本地队列中可能仍然存在待扫描的对象。而最终标记阶段就会扫描这些“残留的 SATB 本地队列”。在图 2.8 中，队列中保存了对象 G 和 H 的引用。因此在扫描 SATB 本地队列之后，对象 G 和 H，以及对象 H 的子对象 I 都会被标记。

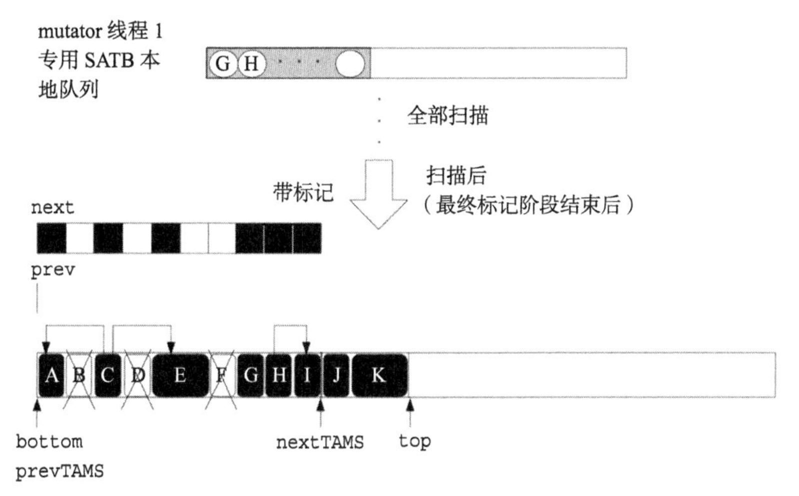

图 2.8 最终标记阶段结束后区域的状态

因为 SATB 本地队列中存在对象 G 和 H 的引用，所以扫描后，对象 G 和 H，以及对象 H 的子对象 I 都会变成黑色。

本步骤结束后，所有的存活对象都已被标记。因此，此时所有不带标记的对象都可以判定为死亡对象。

因为 SATB 本地队列中的数据会被 mutator 操作，所以本步骤不能和 mutator 并发执行。

2.7 步骤④——存活对象计数

这个步骤会扫描各个区域的标记位图 `next`，统计区域内存活对象的字节数，然后将其存入区域内的 `next_marked_bytes` 中。图 2.9 中的存活对象是 A、C、E、G、H 和 I，因此计算出的总字节数 56 会被存入 `next_marked_bytes` 中。对象 E 虽然只有头部的 1 个比特被标记了，但参与统计的是它的真实大小，即16字节。

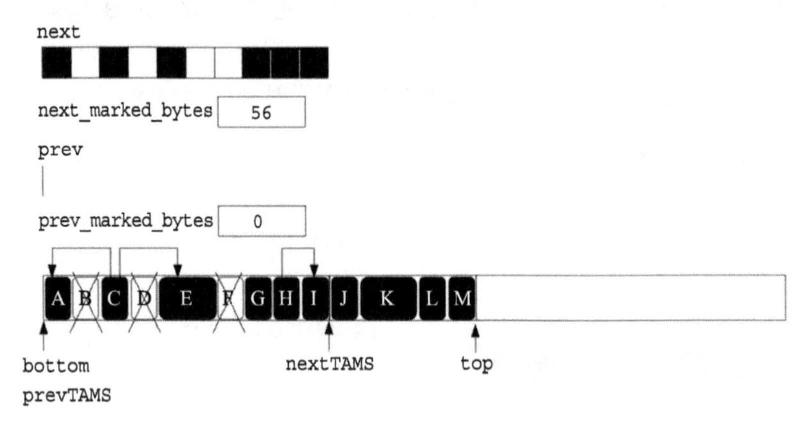

图2.9 存活对象计数结束后区域的状态

next_marked_bytes 表示对象A、C、E、G、H和I的总字节数，一共56字节。计数过程中新创建了对象L和M。

另外，我们假设在计数过程中新创建了对象L和M。由于这些包含在 nextTAMS 和 top 之间的对象都会被当作存活对象来处理，所以不会在这里特意进行计数。

prev_marked_bytes 中存放了上次标记结束时存活对象的字节数。图2.9中的区域在此之前未曾进行过标记，因此 prev_marked_bytes 中存放的是初始值 0。

计数处理和 mutator 是并发执行的。但是，计数过程中操作的对象也可能会被转移的记忆集合（remembered set）线程使用，因此需要先停掉记忆集合线程。

另外，转移处理也可能在计数过程中启动。这时，需要先将正在计数中的区域统计完，再开始转移处理。已完成计数的区域在转移后会变成空区域，所以 next_marked_bytes 也会变成 0。而转移目标区域内都是存活对象，所以也不会对它进行计数。

2.8 步骤⑤——收尾工作

收尾工作所操作的数据中有些是和 mutator 共享的，因此需要暂停 mutator 的运行。

在此期间 GC 线程会逐个扫描每个区域，将标记位图 next 中的并发标记结果移动到标记位图 prev 中，再对并发标记中使用过的标记值进行重置，为下次并发标记做好准备。

此外，对没有存活对象的区域进行回收的工作也在这个时候进行。可以把它理解成以区域为单位进行的清除[①]处理。

在扫描过程中还会计算每个区域的**转移效率**，并按照该效率对区域进行降序排序。关于转移效率的内容，我们将在 2.8.1 节中介绍。

图 2.10 展示了收尾工作结束后区域的状态。图 2.9 里 next・next_marked_bytes 中的值被移到了 prev・prev_marked_bytes 中。同时，prevTAMS 被移到了 nextTAMS 先前的位置。prevTAMS 表示的是“上次并发标记开始时 top 的位置”。

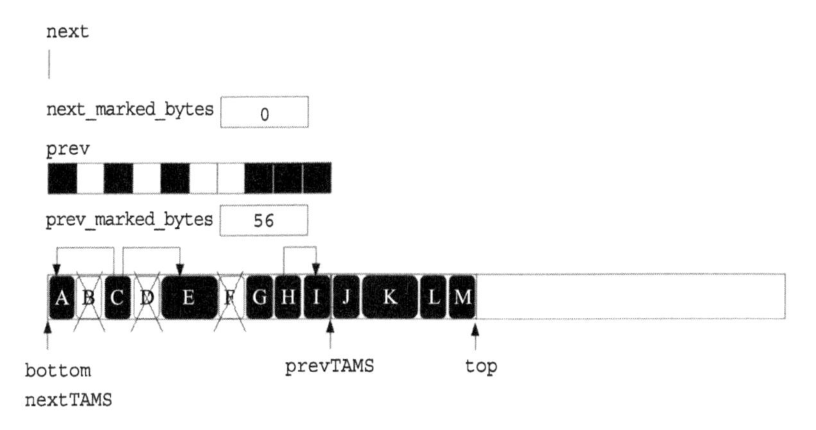

图 2.10 收尾工作完成后区域的状态

next 中的信息会被移到 prev 中。

next・next_marked_bytes 也会被重置，同时 nextTAMS 会移动到

---

① 清除：即标记—清除 GC 中的清除，指释放那些不带标记的对象的内存空间。

bottom 的位置。nextTAMS 会在下次并发标记开始时，移动到 top 的最新位置（参考 2.4 节）。

收尾工作结束后，整个并发标记就结束了。并发标记线程会一直处于等待状态，直到下次并发标记开始。

转移效率

转移效率可以通过公式“死亡对象的字节数 ÷ 转移所需时间”来计算。换句话说，转移效率指的就是**转移 1 个字节所需的时间**。区域的转移效率可以通过公式“区域内死亡对象的字节数 ÷ 转移整个区域所需时间”来计算。

这里的“转移所需时间”严格来说是**转移的预测时间**。转移的预测时间可以根据过去的实际转移时间来计算。详细内容将在 4.2 节中介绍。

另外，一般来说死亡对象越多，转移效率就越高。死亡对象多就意味着存活对象少；存活对象越少，转移所需的时间就越少，所以转移效率就会越高。

转移效率这一重要概念在后文中会多次出现，请理解清楚并记牢。

2.9 总结

并发标记结束后，转移处理可以得到以下信息（参考图 2.10）。

① 并发标记完成时存活对象和死亡对象的区分（标记位图 prev）

② 存活对象的字节数（prev_marked_bytes）

这些信息在并发标记阶段不会被改变，因此，即使在并发标记阶段就开始转移处理也不会有问题。另外，虽然新的对象是在并发标记结束后被创建的，但由于它是分配在 prevTAMS 和 top 之间的，所以会被当成存活对象处理。

对象的担忧（死亡标记）

对象 A：“喂，你头上的是死亡标记吧？”

对象 B：“啊！好可怕！”

专栏

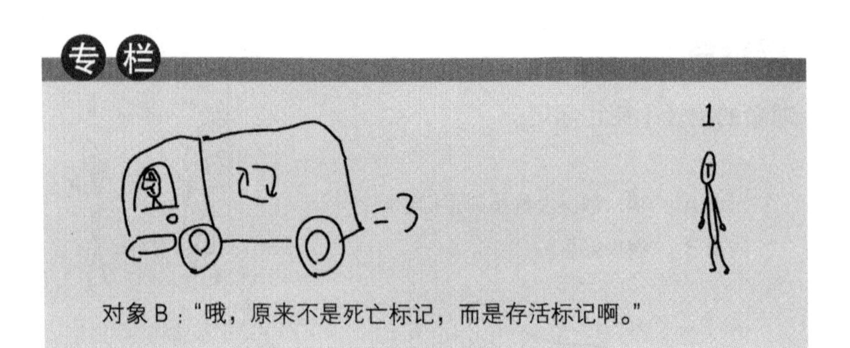

对象 B："哦，原来不是死亡标记，而是存活标记啊。"

算法篇

3 转移

本章将介绍实际进行 GC 的转移功能。

3.1 什么是转移

通过转移，所选区域内的所有存活对象都会被转移到空闲区域。这样一来，被转移的区域内就只剩下死亡对象。重置之后，该区域就会成为空闲区域，能够再次利用。

图 3.1 表示了转移开始前和结束后的状态。转移结束后，可从根触达的存活对象 a、b、c 会被转移到空闲区域 C，而死亡对象 d 和 e 不会被转移，整个区域 B 会被重置以供再次利用。

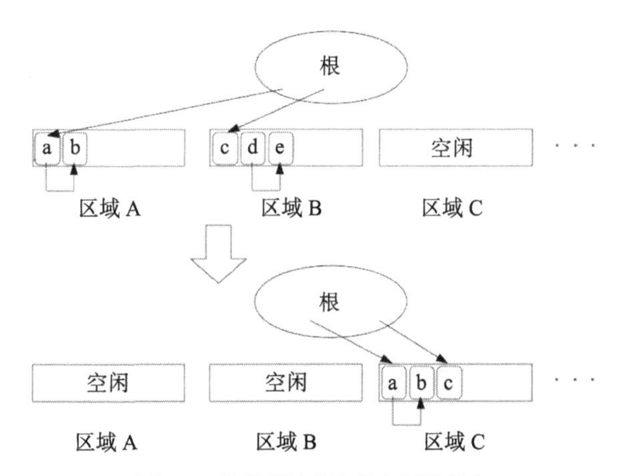

图 3.1　转移开始前和结束后的状态

待转移对象所在的区域是 A 和 B。可从根触达的对象 a、b、c 会被转移到区域 C。

3.2 转移专用记忆集合

除了可以从根和并发标记的结果发现存活对象之外，转移功能还能通过**转移专用记忆集合**来发现对象。2.5.1 节介绍的 SATB 队列集合主要用来记录标记过程中对象之间引用关系的变化，而转移专用记忆集合则用来记录区域之间的引用关系。通过使用转移专用记忆集合，在转移时即使不扫描所有区域内的对象，也可以查到待转移对象所在区域内的对象被其他区域引用的情况，从而简化单个区域的转移处理（图 3.2）。

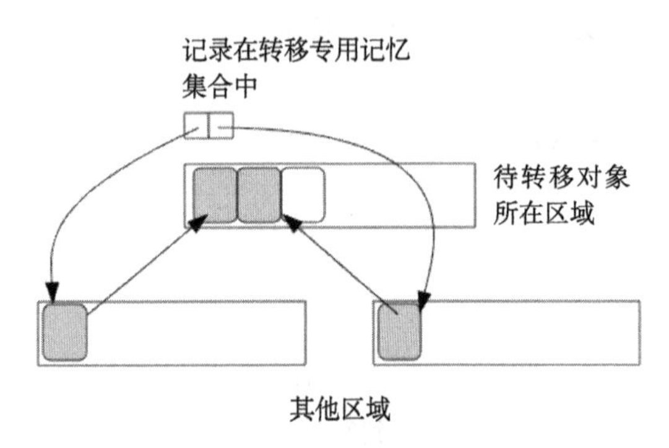

图 3.2 转移专用记忆集合

转移专用记忆集合中记录了来自其他区域的引用，因此即使不扫描所有区域内的对象，也可以确定待转移对象所在区域内的存活对象。

G1GC 是通过**卡表**（card table）来实现转移专用记忆集合的。

3.2.1 卡表

卡表是由元素大小为 1 B 的数组实现的（图 3.3）。卡表里的元素称为**卡片**。堆中大小适当的一段存储空间会对应卡表中的 1 个元素（卡片）。在当前的 JDK 中，这个大小被定为 512 B。因此，当堆的大小是 1 GB 时，可以计算出卡表的大小就是 2 MB。

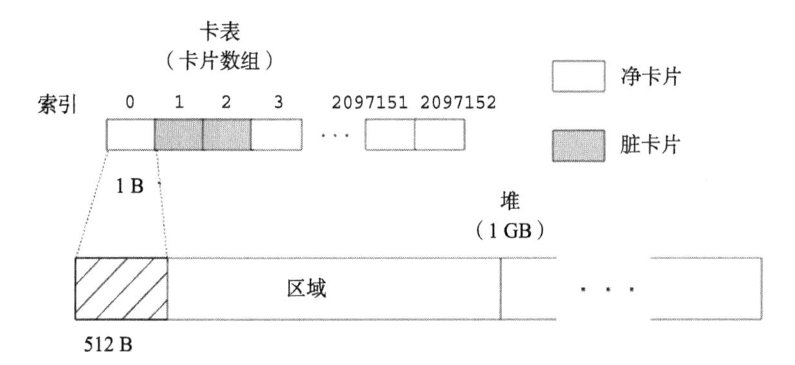

图 3.3 卡表的构造

卡表的实体是数组。数组的元素是 1 B 的卡片，对应了堆中的 512 B。脏卡片用灰色表示，净卡片用白色表示。

堆中的对象所对应的卡片在卡表中的索引值可以通过以下公式快速计算出来。

```
(对象的地址 - 堆的头部地址) / 512
```

因为卡片的大小是 1 B，所以可以用来表示很多状态。卡片的种类很多，本书主要关注以下两种。

① 净卡片

② 脏卡片

关于这两种卡片的详细内容，我们将在 3.3 节中介绍。其他卡片是 JDK 在实现过程中根据需要引入的，本书就不赘述了。

3.2.2 转移专用记忆集合的构造

转移专用记忆集合的构造如图 3.4 所示。

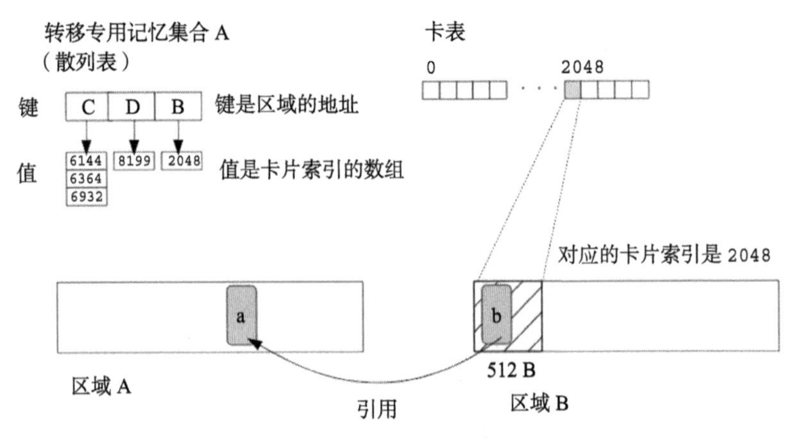

图 3.4 转移专用记忆集合的构造

每个区域都有一个转移专用记忆集合，它是通过散列表实现的。图中对象 b 引用了对象 a，因此对象 b 所对应的卡片索引就被记录在了区域 A 的转移专用记忆集合中。

每个区域中都有一个转移专用记忆集合，它是通过散列表实现的。散列表的键是引用本区域的其他区域的地址，而散列表的值是一个数组，数组的元素是引用方的对象所对应的卡片索引。

在图 3.4 中，区域 B 中的对象 b 引用了区域 A 中的对象 a。因为对象 b 不是区域 A 中的对象，所以必须记录下这个引用关系。而在转移专用记忆集合 A 中，以区域 B 的地址为键的值中记录了卡片的索引 2048。因为对象 b 所对应的卡片索引就是 2048，所以对象 b 对对象 a 的引用被准确地记录了下来。

由此我们可以明白，区域间对象的引用关系是由转移专用记忆集合以卡片为单位粗略记录的。因此，在转移时必须扫描被记录的卡片所对应的全部对象的引用。关于这一点的详细内容，我们将在 3.8 节中介绍。

3.3 转移专用写屏障

当对象的域被修改时，被修改对象所对应的卡片会被**转移专用写屏障**记录到转移专用记忆集合中。转移专用写屏障的伪代码如代码清单 3.1 所示。

代码清单 3.1 evacuation_write_barrier() 函数

```
1: def evacuation_write_barrier(obj, field, newobj):
2:   check = obj ^ newobj
3:   check = check >> LOG_OF_HEAP_REGION_SIZE
4:   if newobj == Null:
5:     check = 0
6:   if check == 0:
7:     return
8:
9:   if not is_dirty_card(obj):
10:    to_dirty(obj)
11:    enqueue($current_thread.rs_log, obj)
12:
13:  *field = newobj
```

这个函数的参数和第 2 章中代码清单 2.1 的作用相同。

第 2 行到第 7 行的代码会在 obj 和 newobj 位于同一个区域，或者 newobj 为 Null 时，起到过滤的作用。这是达尔科 · 斯特凡诺维奇（Darko Stefanović）等人[4]提出的过滤技术。我们逐行分析一下代码。

第 2 行的“^”（XOR 运算符）用来检测两个对象地址的高位部分是否相等。每个区域都是按固定大小进行分配的，如果 obj 和 newobj 是同一个区域中的地址，那么由于两个地址中超过区域大小的高位部分是完全相等的，所以第 2 行变量 check 的值小于区域的大小。第 3 行的 LOG_OF_HEAP_REGION_SIZE 是区域大小的对数（底为 2）。1.2 节提到过，区域大小必须是“2 的指数幂”（2^n），而指数 n 就是 LOG_OF_HEAP_REGION_SIZE。将 check 右移 LOG_OF_HEAP_REGION_SIZE 后，小于区域大小的比特值都会归 0。这样一来，如果 check 的值小于区域大小，右移之后的结果就会变为 0。第 4 行检查 newobj 是否为 Null，第 6 行检查 check 是否为 0。

第 9 行的函数 is_dirty_card() 用来检查参数 obj 所对应的卡片是否为**脏卡片**。脏卡片指的是已经被转移专用写屏障添加到转移专用记忆集合日志中的卡片。该行的检查就是为了避免向转移专用记忆集合日志中添加重复的卡片。相反，不在转移专用记忆集合日志中的卡片是**净卡片**。如果是净卡片，则该卡片将在第 10 行变成脏卡片，然后在第 11 行被添加到队列 $current_thread.rs_log 中。这个处理能够保证转移专用记忆集合日志中的卡片都是脏卡片。

另外，转移专用写屏障和SATB专用写屏障做了同样的优化，在多线程环境下性能也不会变差。

图3.5表示了“转移专用记忆集合日志”和“转移专用记忆集合日志集合”的结构。每个mutator线程都持有一个名为**转移专用记忆集合日志**的缓冲区，其中存放的是卡片索引的数组。当对象b的域被修改时，写屏障就会获知，并会将对象b所对应的卡片索引添加到转移专用记忆集合日志中。转移专用记忆集合日志是由各个mutator线程持有的，所以在添加时不用担心线程之间的竞争。也是得益于这种设计，转移专用写屏障不需要进行排他处理，因而具有更好的性能。代码清单3.1中的`$current_thread.rs_log`就是转移专用记忆集合日志。

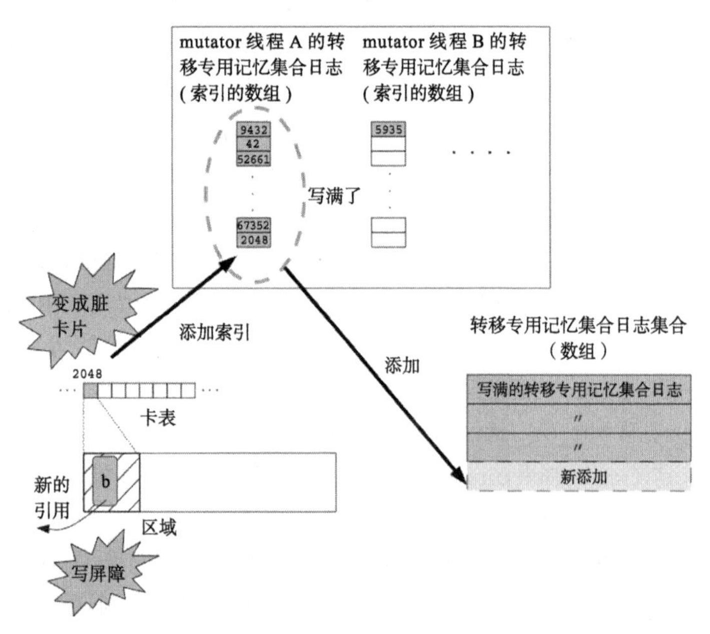

图3.5 转移专用记忆集合日志及其集合

当mutator线程A的转移专用记忆集合日志写满之后，它会被添加到转移专用集合日志的集合中。

另外，转移专用记忆集合日志会在写满后被添加到全局的**转移专用记忆集合日志集合**中。这个添加过程可能存在多个线程之间的竞争，所以需要做好排他处理。添加完成后，mutator 会被重新分配一个空的转移专用记忆集合日志。

3.4 转移专用记忆集合维护线程

转移专用记忆集合维护线程是和 mutator 并发执行的线程，它的作用是基于转移专用记忆集合日志的集合，来维护转移专用记忆集合。

具体来说，转移专用记忆集合维护线程主要进行下列处理（请同时参考图 3.6）。

① 从转移专用记忆集合日志的集合中取出转移专用记忆集合日志，从头开始扫描
② 将卡片变为净卡片
③ 检查卡片所对应存储空间内所有对象的域
④ 往域中地址所指向的区域的记忆集合中添加卡片

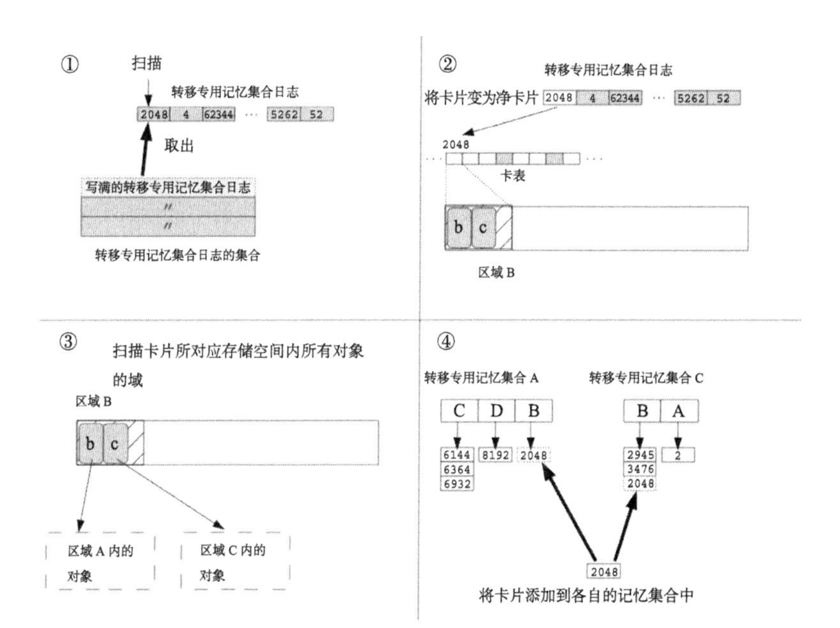

图 3.6　由转移专用记忆集合维护线程负责向转移专用记忆集合中记录

如果卡片在③和④的处理过程中被 mutator 修改了，那么又会变成脏卡片，然后再次被添加到转移专用记忆集合日志中。

在转移专用记忆集合日志的集合中，当转移专用记忆集合日志的数量超过阈值（默认为 5 个）时，转移专用记忆集合维护线程就会启动，然后一直处理到数量降至阈值的 1/4 以下。

3.5 热卡片

频繁发生修改的存储空间所对应的卡片称为**热卡片**（hot card）。热卡片可能会多次被转移专用记忆集合维护线程处理成脏卡片，从而加重转移专用记忆集合维护线程的负担，因此需要特别处理。

要想发现热卡片，需要用到卡片计数表，它记录了卡片变成脏卡片的次数。卡片计数表记录了自上次转移以来哪个卡片变成了脏卡片，以及变成脏卡片的次数，其内容会在下次转移时被清空。

变成脏卡片的次数超过阈值（默认是 4）的卡片会被当成热卡片，在被处理为脏卡片后添加到**热队列**尾部。热队列的大小是固定的（默认是 1 KB）。如果队列满了，则从队列头部取出老的卡片，给新的卡片腾出位置。取出的卡片由转移专用记忆集合维护线程当作普通卡片处理。

热队列中的卡片不会被转移专用记忆集合维护线程处理，因为即使处理了，它也有可能马上又变成脏卡片。因此，热队列中的卡片会被留到转移的时候再处理。

3.6 执行步骤

转移的执行步骤为以下 3 个。

① 选择回收集合
② 根转移
③ 转移

①是指参考并发标记提供的信息来选择被转移的区域。被选中的区

域称为**回收集合**（collection set）。

②是指将回收集合内由根直接引用的对象，以及被其他区域引用的对象转移到空闲区域中。

③是指以②中转移的对象为起点扫描其子孙对象，将所有存活对象一并转移。当③结束之后，回收集合内的所有存活对象就转移完成了。

这 3 个步骤都是暂停处理。在转移开始后，即使并发标记正在进行也会先中断，而优先进行转移处理。

另外，②和③其实都是可以由多个线程并行执行的，但是为了便于读者理解，本书进行了简化，是以单线程执行为前提展开讨论的。

3.7 步骤①——选择回收集合

本步骤的主要工作是选择回收集合。选择标准简单来说有两个。

① 转移效率高

② 转移的预测暂停时间在用户的容忍范围内

在选择回收集合时，堆中的区域已经在 2.8 节的步骤⑤中按照转移效率被降序排列了。

接下来，按照排好的顺序依次计算各个区域的预测暂停时间，并选择回收集合。当所有已选区域预测暂停时间的总和快要超过用户的容忍范围时，后续区域的选择就会停止，所有已选区域成为 1 个回收集合。关于转移的预测暂停时间，4.2 节将详细介绍。

G1GC 中的 G1 是 Garbage First 的简称，所以 G1GC 的中文意思是“垃圾优先的垃圾回收”。而回收集合的选择，会以**转移效率由高到低的顺序**进行。在多数情况下，死亡对象（垃圾）越多，区域的转移效率就越高，因此 G1GC 会优先选择垃圾多的区域进入回收集合。这就是 G1GC 名称的由来。

3.8 步骤②——根转移

根转移的转移对象包括以下 3 类。

① 由根直接引用的对象

② 并发标记处理中的对象

③ 由其他区域对象直接引用的回收集合内的对象

根转移的伪代码如代码清单 3.2 所示。

代码清单 3.2 evacuate_roots() 函数

```
1: def evacuate_roots():
2:   for r in $roots:
3:     if is_into_collection_set(*r):
4:       *r = evacuate_obj(r)
5:
6:   force_update_rs()
7:   for region in $collection_set:
8:     for card in region.rs_cards:
9:       scan_card(card)
10:
11: def scan_card(card):
12:   for obj in objects_in_card(card):
13:     if is_marked(obj):
14:       for child in children(obj):
15:         if is_into_collection_set(*child):
16:           *child = evacuate_obj(child)
```

转移专用记忆集合中记录了区域之间完整的对象引用关系，但没有记录来自根的引用。因此，代码清单 3.2 的第 2 行至第 4 行先是把被根引用的位于回收集合内的对象转移到其他的空闲区域。被根引用却不在回收集合内的对象会被直接忽略。第 4 行的 `evacuate_obj()` 是用于转移对象的函数，它的返回值是转移后对象的地址。3.8.1 节将对此进行详细介绍。

另外，并发标记中使用的 SATB 本地队列和 SATB 队列集合中的引用也包含在 `$root` 中，会被转移。这是因为它们的引用地址都必须改为转移后的地址。

第 6 行中 `force_update_rs()` 的作用是将未被转移专用记忆集合

维护线程扫描的脏卡片更新到转移专用记忆集合中。具体来说，包含如下 3 个部分涉及的脏卡片。

① 各个 mutator 线程的转移专用记忆集合日志
② 转移专用记忆集合日志的集合
③ 热卡片

正如 3.4 节所说，转移专用记忆集合的更新是并发进行的。在转移开始时，转移专用记忆集合维护线程的处理很可能还没结束，因此有必要将①和②中的脏卡片更新到转移专用记忆集合中。

通过第 7 行至第 9 行，回收集合内被其他区域引用的对象会像根一样被转移。第 7 行的 `$collection_set` 是回收集合。第 8 行的 `rs_cards` 域中保存了区域的转移专用记忆集合中的所有卡片。第 9 行的 `scan_card()` 函数的函数体是第 11 行至第 16 行。这个函数所做的事情是扫描转移专用记忆集合中的卡片所对应的每个对象。如果某对象存在对回收集合内对象的引用，那么该对象也会被转移。需要注意的是，如果卡片中的对象是未被标记的，那么其子对象将不会继续被扫描。

3.8.1 对象转移

接下来我们介绍一下 3.8 节中略过的对象转移。图 3.7 展示了一个简单的例子。

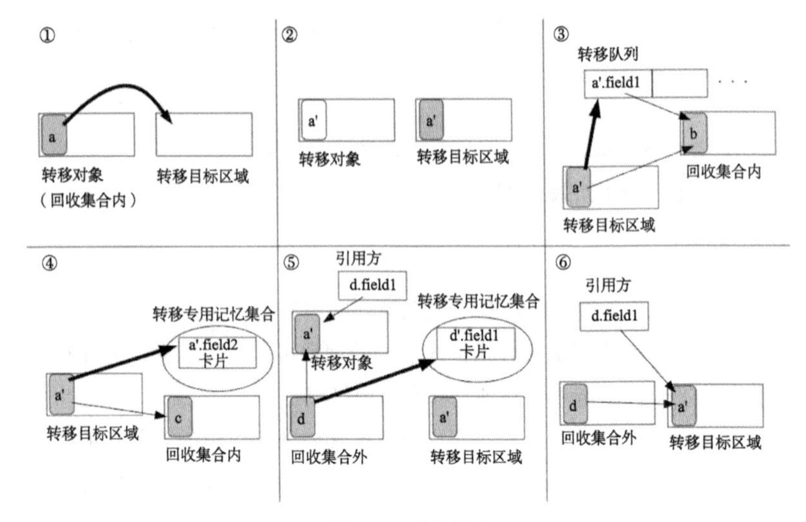

图 3.7 对象转移

①是将对象 a 转移到空闲区域。

②是将对象 a 在空闲区域中的新地址写入到转移前所在区域中的旧位置。保存在旧位置的这个新地址称为 forwarding 指针[①]。

③是将对象 a 引用的所有位于回收集合内的对象都添加到**转移队列**中。转移队列用来临时保存待转移对象的引用方。图中 a'.field1 引用了对象 b，而且 b 所在的区域在回收集合中。因为 a' 是存活对象，所以 a' 引用的对象 b 也是存活对象。这样一来，对象 b 就成了回收集合中的（待转移）对象，它的引用方 a'.field1 会被添加到转移队列中。之所以往转移队列中添加 a'.field1 而不是 b，是因为我们必须要在转移完 b 之后将新的地址写入到 a'.field1 中。

④是针对对象 a 引用的位于回收集合外的对象，更新转移专用记忆集合。图中 a'.field2 引用了对象 c，而 c 所在的区域不在回收集合中。c 所在区域的转移专用记忆集合中虽然记录了 a.field2 对应的卡片，但是 a 被转移到了 a'，所以有必要更新转移专用记忆集合。如图中所示，

① 保存转移后新地址的变量。一旦发现了指向转移前地址的指针，就能将其改为指向转移后的新地址。

a'.field2 对应的卡片被添加到了 c 所在区域的转移专用记忆集合中。

⑤是针对对象 a 的引用方，更新转移专用记忆集合。对象转移时只有 1 个引用方能够以参数的形式进行传递。图中 a 的引用方是 d.field1。d.field1 指向的是 a 的地址，但是 a 被转移到了 a'，所以有必要让 d.field1 指向 a' 的地址。如图中所示，d.field1 对应的卡片被添加到了 a' 所在区域的转移专用记忆集合中。

⑥这一步并非转移的处理内容，只是补充说明。对象转移最终返回的是转移后的地址。在调用转移的地方，返回的地址会被赋值给引用方（代码清单 3.2 中第 4 行和第 16 行）。图中 d.field1 的地址被替换成了对象 a' 的地址。

为了更清晰地理解这一过程，我们一起来看一看对象转移的伪代码（代码清单 3.3）。

代码清单 3.3 evacuate_obj() 函数

```
 1: def evacuate_obj(ref):
 2:   from = *ref
 3:   if not is_marked(from):
 4:     return from
 5:   if from.forwarded:
 6:     add_reference(ref, from.forwarded)
 7:     return from.forwarding
 8:
 9:   to = allocate($free_region, from.size)
10:   copy_data(new, from, from.size)
11:
12:   from.forwarding = to
13:   from.forwarded = True
14:
15:   for child in children(to):
16:     if is_into_collection_set(*child):
17:       enqueue($evacuate_queue, child)
18:     else:
19:       add_reference(child, *child)
20:
21:   add_reference(ref, to)
22:
23:   return to
```

参数 ref 是待转移对象的引用方。第 2 行的 from 是待转移对象。

第3行和第4行是取消未标记对象的转移，直接返回。而死亡对象无论什么时候都不会被转移。

第5行至第7行则是在对象已经被转移时返回转移后的地址。第6行的函数 add_reference(from, to)，其作用是将 from 对应的卡片添加到 to 所在区域的转移专用记忆集合中（后面会详细介绍）。具体到这段代码中，含义就是将引用方对应的卡片添加到转移目标（forwarding 指针）区域的转移专用记忆集合中（和图3.7中的⑤作用相同）。

第9行和第10行用来将对象复制到转移目标区域（图3.7中的①）；第12行和第13行用于将对象转移后的地址存入 forwarding 指针中（图3.7中的②）。

第15行至第19行用来扫描已转移完成的对象的子对象。第16行用来检查子对象是否在回收集合内。如果在回收集合内，则执行第17行，将子对象添加到转移队列（$evacuate_queue）中（图3.7中的③），否则执行第19行，调用函数 add_reference()。该函数的参数为子对象的引用方 child 和子对象 *child（图3.7中的④）。

第21行用来将待转移对象所对应的卡片，添加到转移目标区域的转移专用记忆集合中（图3.7中⑤）。然后，通过第23行返回对象转移后的新地址（图3.7的⑥）。

接下来，我们看一下函数 add_reference() 的伪代码（代码清单3.4）。该函数的作用是向转移专用记忆集合中添加引用方所对应的卡片。

代码清单 3.4 add_reference() 函数

```
1: def add_reference(from, to):
2:   to_region = region(to)
3:   from_retion = region(from)
4:   if to_region != Null and from_region != Null and\
5:       to_region != from_region and not is_into_collection_set(from):
6:     push(card(from), to_region.rs_cards)
```

参数 from 是引用方的地址，to 是引用对象的地址。第2行和第3行分别用来获取各自的区域。如果传递给函数 region() 的地址是堆外的地址，该函数会返回 Null。

第4行分别检查 to_region 和 from_region 是否为 Null。第5行

检查 to_region 和 from_region 是否位于不同的区域。如果二者位于相同的区域，就没有必要将卡片添加到转移专用记忆集合中了。

同时，第 5 行还检查 from 是否在回收集合之外。如果 from 在回收集合之内，那么它要么已经转移完成，要么马上就要被转移，所以都可以忽略掉。

这几步检查都通过之后，就在第 6 行由函数 card() 获取 from 所对应的卡片，然后将其添加到区域 to_region 的转移专用记忆集合中。

3.9 步骤③——转移

完成根转移之后，那些被转移队列引用的对象将会依次转移。直到转移队列被清空，转移就完成了。至此，回收集合内的所有存活对象都被成功转移了（代码清单 3.5）。

代码清单 3.5 evacuate() 函数

```
1: def evacuate():
2:   while $evacuate_queue != Null:
3:     ref = dequeue($evacuate_queue)
4:     *ref = evacuate_obj(ref)
```

最后，清空回收集合的记忆集合，开启 mutator 的执行。

3.10 标记信息的作用

3.8.1 节代码清单 3.3 的第 3 行和第 4 行，3.8 节代码清单 3.2 的第 13 行都会判断对象是否被标记，进而忽略掉死亡对象。因为有这些处理，所以像图 3.8 中 b 这样只被死亡对象引用的对象是不会被转移的。这正是并发标记中标记信息的意义所在。

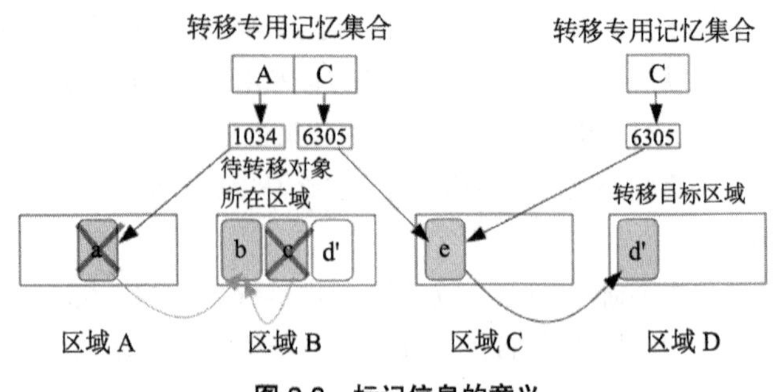

图3.8 标记信息的意义

待转移对象所在区域内的对象b，因为只被死亡对象引用，所以不会被转移。只有对象d'会被转移。

转移专用记忆集合也在不停地记录着来自死亡对象的引用。查看并发标记的标记信息，有助于忽略来自转移专用记忆集合中死亡对象的引用，也有助于更多地发现区域内的死亡对象。

3.11 总结

在转移过程中，需要选择适当数量的区域组成回收集合，然后将回收集合内的存活对象转移到空闲区域。转移时需要扫描转移专用记忆集合和根。如果转移时有并发标记的标记信息可供参考，更有助于正确地发现存活对象。

另外，如果能知道并发标记之后存活对象的数量，那么选择回收集合时用到的转移预测暂停时间会更加精准。关于详细内容，我们将在4.2节中介绍。

4 软实时性

本章将介绍 G1GC 是如何实现软实时性的。

4.1 用户的需求

在 G1GC 中，用户可以设置如下 3 个值。

① 可用内存上限
② GC 暂停时间上限
③ GC 单位时间

设置①是为了避免内存被过度占用。就算是为了实现软实时性，也不能让 GC 完全占用内存。

②指定的是执行 GC 所导致的 mutator 的最大暂停时间。这个最大暂停时间并不包含 G1GC 的并发处理时间。在多处理器环境下，G1GC 的并发处理时间可以理解成平均分配给 mutator 的负载。

有一个权宜之计可以避免 GC 暂停时间超过指定上限，那就是频繁地执行暂停时间较短的 GC。虽然这样做确实可以缩短 GC 暂停时间，但是 mutator 的执行也会频繁地被 GC 打断，从而导致 mutator 几乎无法正常执行。要想避免这个问题，需要指定③的 GC 单位时间。指定该项后，G1GC 将在每个单位时间内遵守 GC 的暂停时间上限。如果 GC 暂停时间上限是 1 秒，而 GC 单位时间是 3 秒，就意味着在任意 3 秒的时间段内，GC 的暂停时间不可以超过 1 秒（图 4.1）。

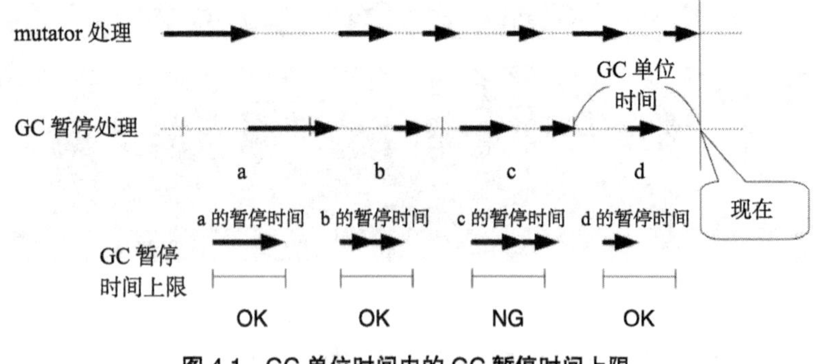

图 4.1 GC 单位时间内的 GC 暂停时间上限

a、b、c、d 分别代表一个 GC 单位时间，GC 只在 c 中超过了暂停时间上限。

G1GC 会努力实现软实时性。软实时性的定义是 GC 单位时间内 GC 暂停时间超过上限的次数在用户的容忍范围之内。因此，尽管在图 4.1 中，GC 单位时间 c 内的 GC 暂停时间超过了上限，但是只要用户认为可以接受，就算是实现了软实时性。

4.2 预测转移时间

要想在 GC 暂停时间上限之内完成转移，就需要选择可以在这个时间范围内完成转移的回收集合（参考 3.7 节）。在往回收集合中添加区域时，要先预测一下该区域的转移时间，如果超过了 GC 暂停时间上限，就不再添加该区域，并终止回收集合的选择。

在 G1GC 中，由 GC 导致的 mutator 的暂停时间称为**消耗**。转移回收集合的消耗，等于扫描转移专用记忆集合中的卡片时的消耗与对象转移时的消耗之和。具体公式如下所示。

$$V(\text{cs}) = V_{\text{fixed}} + U \cdot d + \sum_{r \in \text{cs}} (S \cdot rsSize(r) + C \cdot liveBytes(r))$$

公式中各个数值的含义如下。

- cs：回收集合
- $V(\text{cs})$：转移回收集合（cs）的消耗

- V_{fixed}：固定消耗
- U：扫描脏卡片的平均消耗
- d：转移开始时的脏卡片数
- S：查找卡片内指向回收集合的引用的消耗
- r：区域
- *rsSize*：区域的转移专用记忆集合中的卡片总数
- C：对象转移时（每个字节）的消耗
- *liveBytes*：区域内存活对象的总字节数（大概的值）

$V(cs)$ 表示某个回收集合（cs）的转移时间。V_{fixed} 表示转移过程中的固定消耗，主要是选择和释放回收集合时的消耗。

V_{fixed}、U、S、C 这几个值的大小受实现方法、运行平台以及应用程序特性等各种环境因素的影响，是可变的。因此可以先根据经验设置一些初始值，再通过测量各自的实际处理时间来进行修正，以提高精度。

liveBytes 使用 2.7 节中设置过的值。对于在并发标记结束后被分配（allocated）的对象，即使是死亡对象，也要将其当作存活对象来计数。因此 *liveBytes* 并非精确值，只是大概的值。

理解了各个变量的值之后，公式的含义就简单易懂了。$S \cdot rsSize(r) + C \cdot liveBytes(r)$ 是一个区域的转移消耗。$\sum_{r \in cs}(...)$ 是回收集合内所有区域的转移消耗的总和。$U \cdot d$ 是对 3.8 节中介绍的剩余脏卡片进行扫描的消耗。这些消耗再加上 V_{fixed}，就是总体的消耗了。

4.3 预测可信度

用户可以通过对消耗的预测值设置**预测可信度**来调整暂停时间。

预测可信度是一个百分数。如果预测可信度设置为 120%，GC 暂停时间会在消耗预测值的基础上上浮 20%。相反，如果设置为 80%，会在预测值的基础上下浮 20%。预测可信度越高，mutator 的暂停时间就越短；相反，预测可信度越低，mutator 的暂停时间就越长。

4.4 GC 暂停处理的调度

GC 暂停处理必须在合适的时机进行。这是为了遵守 4.1 节中提到的规则：在 GC 单位时间内不得超过 GC 暂停时间的上限。

当堆内空间充足时，可以根据需要扩展堆，从而延迟转移处理。而且，转移处理并不一定发生在并发标记完全结束之后。因此，即使并发标记过程中的暂停处理（根扫描等）延迟开始，也不会产生致命的问题。通过这些可知：在一般情况下（除了堆内空间紧缺时），GC 暂停处理发生的时机是可以调度的。

G1GC 中有一个队列名为**调度队列**，其中的元素是暂停处理的开始时间和结束时间的组合。G1GC 使用这个队列来高效地调度 GC 的暂停处理任务。调度队列中保存了最近一次暂停处理的开始时间和结束时间（队列的元素）。调度队列中元素个数是有上限的，如果添加元素时超过上限，队列头部中最早添加的元素就会被删除。

调度程序会基于调度队列中的信息来决定下次 GC 暂停的适当时机。请看下面的图 4.2。

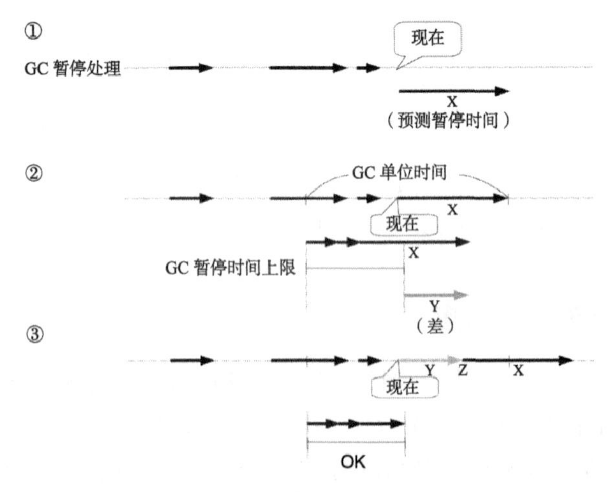

图 4.2 GC 暂停处理的调度

如果像图中②这样执行，GC 单位时间内总的 GC 暂停时间会超过上限。但是如果像③这样指定了合适的 GC 暂停时机 Z，GC 单位时间内总的 GC 暂停时间就不会超过上限了。

图 4.2 中①的 X 表示下次 GC 暂停处理的预测暂停时间。调度程序会计算 X 的开始时刻。

首先，假定 X 会像图中②一样立即开始执行，由此计算出 GC 单位时间内总的 GC 暂停时间（包含 X），并检查它是否超过用户指定的 GC 暂停时间上限。如果没有超过上限，则认为 X 可以立即开始执行；相反，如果超过了上限，则需要延迟执行 X。GC 暂停时间上限和总的 GC 暂停时间的差用 Y 来表示。

图中③将 X 的开始时刻向后延迟了 Y，延迟后的开始时刻用 Z 表示。这样，GC 单位时间内总的 GC 暂停时间就刚好等于 GC 暂停时间上限。换句话说，Z 就是执行 X 的合适时机。

需要注意的是，调度程序会保证在任意选取的 GC 单位时间内，总的 GC 暂停时间不会超过用户指定的 GC 暂停时间上限。假设 GC 单位时间是 3 秒，GC 暂停时间上限是 1 秒，那么就要像“第 0 秒到第 3 秒内的 GC 暂停时间不超过 1 秒”“第 0.0001 秒到第 3.0001 秒内的 GC 暂停时间不超过 1 秒”“第 0.0003 秒到第 3.0002 秒内的 GC 暂停时间不超过 1 秒”这些情况一样，在无论从哪个时刻开始的 3 秒内，GC 暂停时间都不会超过上限哪怕 1 秒。图 4.3 展示了实际发生过的 GC 暂停的时间片段。

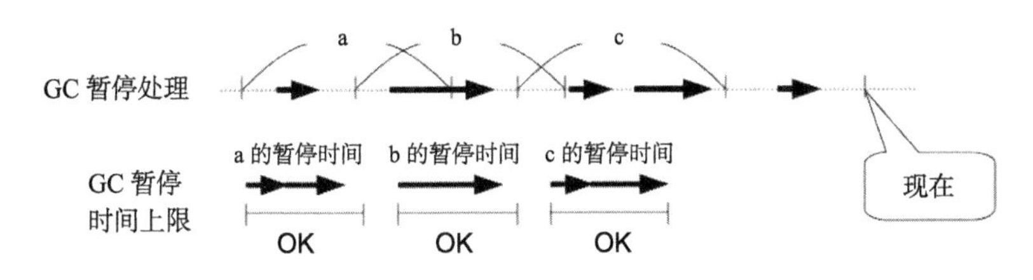

图 4.3　GC 单位时间内总的 GC 暂停时间

GC 单位时间 a、b、c 中任何一个的总 GC 暂停时间都不超过暂停时间上限。

观察一下 GC 单位时间 a、b、c 范围内总的 GC 暂停时间，可以发现 GC 暂停处理的确没有超过 GC 暂停时间上限。

当然，在 GC 的预测时间不准确或堆内空间不足等导致 GC 必须提前开始时，GC 暂停处理还是会超出暂停时间上限。

4.5 并发标记中的暂停处理

并发标记中的暂停处理阶段也会以 4.4 节中的方法按照合适的间隔执行。具体来说，需要在以下 3 个步骤中执行暂停处理。

① 初始标记阶段（参考 2.4 节）

② 最终标记阶段（参考 2.6 节）

③ 收尾工作（参考 2.8 节）

但是，这些步骤的暂停时间不像转移中的暂停时间一样可控，如果暂停时间本身就超过了 GC 暂停时间上限，就不能遵守 GC 暂停时间上限了。

在调度 GC 的暂停时机时，需要预测暂停时间。一开始需要根据经验来设置并发标记中暂停处理的预测暂停时间。然后可以根据测算出的实际暂停时间，并结合过去的执行结果来提高预测暂停时间的精确度。

5 分代 G1GC 模式

G1GC 中存在“纯 G1GC 模式”（pure garbage-first mode）和“分代 G1GC 模式”（generational garbage-first mode）两种模式。前面介绍的内容都是关于纯 G1GC 模式的。本章，我们将介绍分代 G1GC 模式。

本书之所以先介绍纯 G1GC 模式，是为了便于大家理解。实际上，OpenJDK 虽然实现了纯 G1GC 模式，但是并没有将这种模式开放给用户。用户们使用的都是分代 G1GC 模式。

5.1 不同点

和纯 G1GC 模式相比，分代 G1GC 模式主要有以下两个不同点。

- 区域是分代的
- 回收集合的选择是分代的

在分代 G1GC 模式中，区域被分为**新生代区域**和**老年代区域**两类。和其他分代 GC[①] 算法一样，分代 G1GC 的对象也保存了自身在各次转移中存活下来的次数。新生代区域用来存放新生代对象，老年代区域用来存放老年代对象。

另外，分代 G1GC 模式也分为新生代 GC[②] 和老年代 GC[③]。G1GC 中的新生代 GC 称为**完全新生代 GC**（fully-young collection），老年代 GC

① 分代 GC：通过给对象引入“年龄”的概念来提升 GC 效率的算法。

② 新生代 GC：minor GC，分代 GC 中针对新生代对象的垃圾回收。

③ 老年代 GC：major GC，分代 GC 中针对老年代对象的垃圾回收。

称为**部分新生代 GC**（partially-young collection）。关于这两个名字的由来，我们将在 5.6 节中介绍。

完全新生代 GC 和部分新生代 GC 的主要区别在于回收集合的选择。完全新生代 GC 将所有新生代区域选入回收集合，而部分新生代 GC 将所有新生代区域，以及一部分老年代区域选入回收集合。

这里需要注意的是，**所有的新生代区域都会被选入回收集合**。这一点非常重要，请务必牢记。

5.2 新生代区域

新生代区域可以进一步分为以下两类。

- 创建区域
- 存活区域

创建区域用来存放刚刚生成、一次也没有被转移过的对象。存活区域用来存放被转移过至少一次的对象。

另外，转移专用写屏障不会应用在新生代区域的对象上。因此，即使新生代区域的对象存在对其他区域对象的引用，被引用区域的转移专用记忆集合中也不会记录引用方的卡片（图 5.1）。

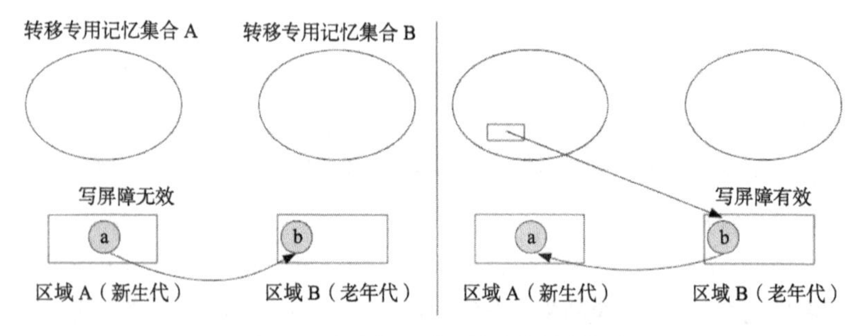

图 5.1 新生代区域和转移专用写屏障

对于新生代区域 A 中对象 a 对老年代区域 B 中对象 b 的引用，转移专用写屏障是无效的，所以转移专用记忆集合 B 不会记录这次引用（左图）。而对于来自老年代区域对象的引用，转移专用写屏障仍然有效（右图）。

但是，为什么不使用转移专用写屏障也可以呢？我们先回顾一下转移专用记忆集合的作用。转移专用记忆集合维护的是区域之间的引用关系，因此在转移时无须扫描整个区域就能找到待转移对象所在区域的存活对象。而在分代 G1GC 模式中，所有的新生代区域都会被选入回收集合，因此在转移新生代区域时所有对象的引用都会被检查。即使被引用区域的转移专用记忆集合中记录了来自新生代区域的引用，这些记录也都是重复的信息。因此，转移专用记忆集合中不会记录来自新生代区域的引用。

5.3 分代对象转移

存活对象保存了自己被转移的次数，这个次数称为对象的**年龄**。转移时对象的年龄如果低于阈值，对象就会被转移到存活区域，否则就会被转移到老年代区域。将对象转移到老年代区域的行为称为**晋升**。

如果转移的目标区域满了，垃圾回收器就会选择一个空闲的区域，把它修改成存活区域或者老年代区域之后，作为转移的目标区域使用。

对象被转移到存活区域之后，即使该对象引用了回收集合以外的区域，也不需要记录在转移专用记忆集合中。关于这一点的原因，5.2 节的后半部分已经介绍过了。相反，往老年代区域转移对象时就必须要记录。因为老年代区域并非每次都会被选入回收集合。

5.4 执行过程简述

我们来看一下完全新生代 GC 的执行过程。

完全新生代 GC 不会选择老年代区域，而是将所有新生代区域都选入回收集合，然后转移回收集合内的存活对象。晋升的对象会被转移到老年代区域，其余对象则被转移到存活区域（图 5.2）。

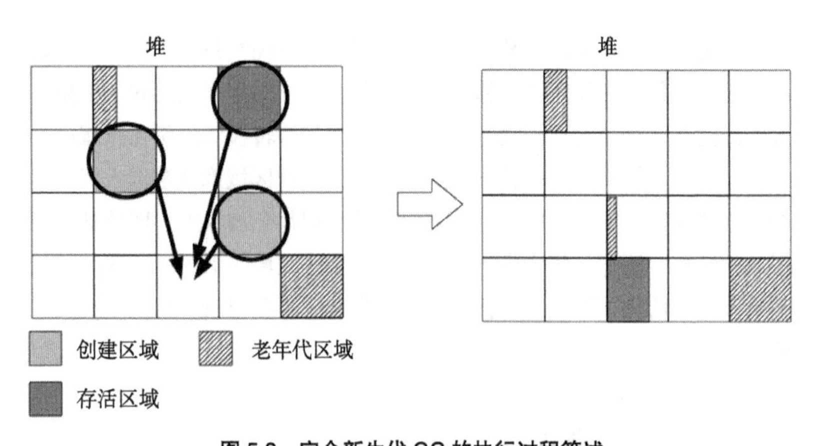

图 5.2 完全新生代 GC 的执行过程简述

只有新生代区域会被选入回收集合，老年代区域则不会被选入。

部分新生代 GC 则是除了所有新生代区域外，还会选择一部分老年代区域进入回收集合。除了回收集合的选择方式，部分新生代 GC 和完全新生代 GC 的执行过程是一样的（图 5.3）。

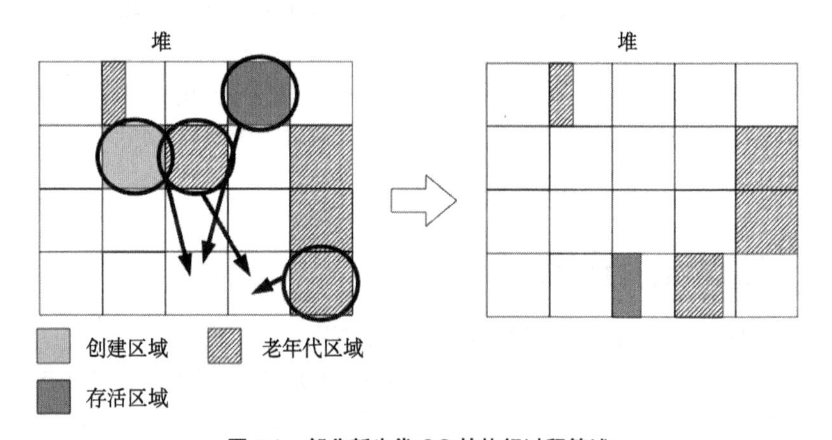

图 5.3 部分新生代 GC 的执行过程简述

所有新生代区域和一部分老年代区域会被选入回收集合。

5.5 分代选择回收集合

刚才介绍过，在回收集合的选择方式上，完全新生代 GC 和部分新生代 GC 有所不同。完全新生代 GC 会选择所有新生代区域，而部分新生代 GC 会选择所有新生代区域和一部分老年代区域。

分代 GC 的理论基础是**大多数对象是“朝生夕死”的**。因此，分代 G1GC 模式也是通过选择回收集合的方式来确保总是优先转移新生代区域，从而积极地释放年轻对象的内存空间。

不过，选择全部新生代区域的做法可能会打破软实时性。如果新生代区域数太多，就有可能无法遵守用户设置的 GC 暂停时间上限。要想避免这个问题，分代 G1GC 模式就需要计算出合理的**最大新生代区域数**。

5.6 设置最大新生代区域数

完全新生代 GC 和部分新生代 GC 关于最大新生代区域数的计算方法是不一样的。

完全新生代 GC 的最大新生代区域数是在遵守 GC 暂停时间上限的前提下，尽量设置较大的值。即根据过去的转移时间记录，预测出单个新生代区域转移所需的大概时间，然后基于这个时间计算出刚好不超过 GC 暂停时间上限的最大新生代区域数。完全新生代 GC 的名字由来就是“尽可能完全地转移新生代区域”。

而部分新生代 GC 的最大新生代区域数是在遵守 GC 单位时间的前提下，尽量设置较小的值。首先，采用 4.4 节中介绍的方法计算出下次能够进行 GC 暂停处理的时机。然后，预测出在这个“时机”之前大概能回收多少个区域，并以此作为新生代区域的最大数目。当预测值命中时，达到最大新生代区域数的时机，刚好就是下次能够进行 GC 暂停处理的时机，因此能够遵守 GC 单位时间。另外，因为最大新生代区域数设置的是最小值，所以被选入回收集合的新生代区域数也是最少的。这样一来，距离 GC 暂停时间上限很可能还有一段时间，就可以往回收集合里添加一些老年代区域。部分新生代 GC 的名字由来就是“尽可能少地转移新生代区域”。

最大新生代区域数的设置发生在并发标记结束之后。

5.7 GC 的切换

垃圾回收器在选择 GC 算法时，通常会选择部分新生代 GC，只有在使用完全新生代 GC 效率更高时才会切换为完全新生代 GC。切换的时间点和设置最大新生代区域数时一样，都是在并发标记结束之后。

首先，参考并发标记中标记出的死亡对象个数，预测出下次部分新生代 GC 的转移效率。然后，根据过去的完全新生代 GC 的转移效率，预测出下次完全新生代 GC 的转移效率。如果预测出完全新生代 GC 的转移效率更高，则切换为完全新生代 GC。

5.8 GC 执行的时机

当新生代区域数达到上限时，会触发转移的执行。换句话说，通过调节最大新生代区域数，可以控制转移执行的时机。

当**转移完成**并通过以下 4 项检查之后，会开始执行并发标记。

① 不在并发标记执行过程中

② 并发标记的结果已被上次转移使用完

③ 已经使用了一定量的堆内存（默认是全部堆内存的 45% 以上）

④ 相比上次转移完成之后，堆内存的使用量有所增加

其中②是为了避免重复地并发标记。如果有并发标记的结果尚未在转移过程中被使用，则不会开始并发标记。

需要注意的是，并发标记过程中的所有暂停处理都需要遵守程序对于 GC 暂停处理的调度（4.4 节），以适当的时间间隔来执行。

6 算法篇总结

本章将总结一下前面介绍的 GC 相关处理之间的关系，然后介绍一下 G1GC 的优缺点。

6.1 关系图

GC 的各种处理之间关系非常复杂，这里我们用一张图来总结一下。图 6.1 展示了 mutator 和 GC 的执行关系示例。

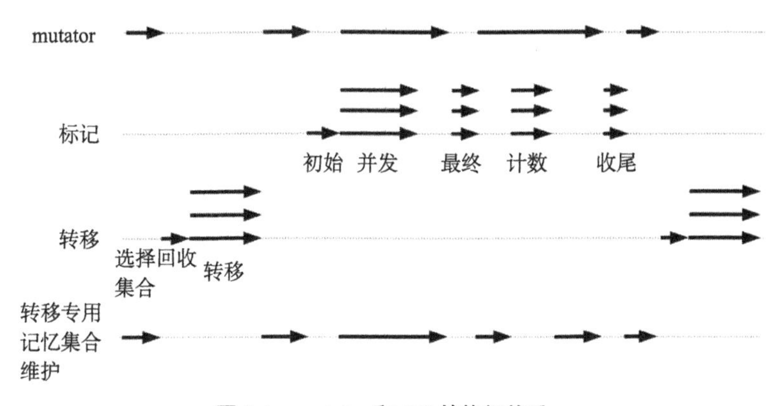

图 6.1 mutator 和 GC 的执行关系

图中并列的箭头表示可能会并行执行的处理。

从图 6.1 中可以看出，转移专用记忆集合维护线程和 mutator 在大多数时间中是并发执行的，但是在存活对象计数（2.7 节）时，转移专用记忆集合维护线程也是暂停的。

还有一点需要注意，那就是转移处理可能发生在并发标记中暂停处理以外的所有时刻。比如在并发标记阶段或者存活对象计数的过程中，都可能执行转移。

6.2 优点

首先，G1GC 具备软实时性，这是一个很大的优点。对于要求软实时性的应用程序，可以由用户控制 GC 暂停时间。

其次，它能够充分发挥高配置机器的性能，大幅缩减 GC 暂停时间，这一点也值得表扬。虽然考虑到算法，总有一些必须要暂停的阶段，但这些阶段也可以通过尽可能地并行执行，来进一步缩短暂停时间。

再次，它通过将写屏障的处理粒度由对象粒度改为更粗的卡片粒度，降低了写屏障发生的频率。这也是缩短暂停时间的一个手段。

另外，因为有转移，所以区域内不会产生内存碎片。由此可以提高引用的局部性和对象存储空间分配的速度。

与其他具备软实时性的 GC 相比，G1GC 的吞吐量保持在较高水平。近年，很多具备软实时性的 GC[6]、[5] 会通过频繁地执行“以对象为单位进行复制”这种更细粒度的暂停处理来缩短 GC 暂停时间，从而达成软实时性。因此，无论如何它们的吞吐量都是下降的。另外，这些 GC 中死亡对象的回收处理可能存在延迟，因此内存的使用效率也不高。

而 G1GC 以区域这种较粗的粒度来频繁地执行用户指定时间内的暂停处理，所以暂停时间会稍微长一些，它的吞吐量也会高一些。此外，通过在转移时选择合适的回收集合，还能够更高效地回收死亡对象。

6.3 缺点

G1GC 的适用对象被限定为“搭载多核处理器、拥有大容量内存的机器”。在多数环境下，我们并不能发挥出它的性能。适用环境受限可以说是它的一个缺点。

另外在转移时，尽管区域内不会出现碎片化，但是会出现以区域为单位（整个堆）的碎片化。和普通的 GC 复制算法相比，这一点算是缺点。

6.4 结束语

在前言中，我们曾经提到过“预测 GC 暂停时间”是 G1GC 中一个很大的谜团。这个谜团的答案比较复杂，本书花费了数十页篇幅去讲解。

从外部看，G1GC 好像只是能够指定暂停时间的简单 GC。但是，为了实现指定暂停时间这样一个简单的需求，G1GC 的内部逻辑变得非常复杂。看似简单的外表下，隐藏着无比复杂的细节，我再次深深地感受到了这一点。

G1GC 是当前最强大的 GC 算法，而且 OpenJDK 也引入了它，所以未来它一定会成为广为使用的 GC 算法。读到这里，相信你已经能够理解 G1GC 了。如果善加利用，它（也许）会成为你的一大武器。而且，你还可以骄傲地跟别人说：“关于 G1GC 的内容尽管问我。”当然，前提是你身边得有一位能够让你分享这份骄傲的 GC 同好。

专栏

对象的担忧——流氓 GC

对象 A：“好像出现了一种新的 GC 算法。”

对象 B：“什么？”

对象 A：“他们都叫它‘流氓 GC’，据说连存活对象都会被它鲁莽地回收掉。”

专栏
对象 B：“GC 好可怕啊。”

G1GC

Garbage First Garbage Collection

实现篇

实现篇

7 准备工作

实现篇里，就让我们从什么是 HotSpotVM 开始说起吧。

7.1 什么是 HotSpotVM

HotSpotVM 是最受欢迎的 JavaVM，由甲骨文公司主导开发。

HotSpotVM 的特点在于“仅将程序中执行频率很高的部分编译为机器语言”。这样做是为了优化程序中耗时最多的部分（执行频率很高的部分），缩短程序的整体运行时间。此外，由于 HotSpotVM 会把要编译为机器语言的代码限制在某个范围内，所以还可以缩短编译时间。“执行频率很高的部分”称为 HotSpot，这也是 HotSpotVM 这个名字的由来。

HotSpotVM 的另外一个特点是实现了多种 GC 算法。GC 算法的调优通常会分为是以响应性能为优先的，还是以吞吐性能为优先的。一般来说，优先响应性能的 GC 算法，其吞吐性能比较差；反之，优先吞吐性能的 GC 算法，其响应性能比较差。再加上其他各种因素的影响，现在并没有完美的 GC 算法。对于这样的窘境，HotSpotVM 给出的答案是实现多种 GC 算法。这样一来，程序员就可以根据应用程序的特性来选择合适的 GC 算法。也就是说，如果想让应用程序具有高响应性，那么程序员就可以选择最合适这种需求的 GC 算法。这种让程序员自己选择 GC 算法的方法可以说非常高明。

7.2 什么是 OpenJDK

Java SE Development Kit（JDK）是用于 Java 开发的编程工具

的统称。

在 JDK 中，除 HotSpotVM 外，还有将 Java 源码编译为 Java 字节码的 Java 编译器，以及根据 Java 源码生成文档的工具等。

2006 年 11 月，当时的 Sun① 公司宣布以 GPL v2② 许可免费公开 JDK 的源码。这个开源版本的 JDK 就被称为 OpenJDK。

本书编写时，OpenJDK 的最新版称为 OpenJDK 7，而甲骨文公司官方提供的 JDK 最新版则称为 JDK 7。尽管名字不同，但它们的源码几乎一样。二者的区别是 JDK 中的一部分商业代码在 OpenJDK 中被开源代码替换掉了。

7.3 获取源码

OpenJDK 的官方网站如图 7.1 所示。

图 7.1 OpenJDK 的官方网站

① Sun 公司于 2009 年被甲骨文公司收购。——译者注

② GPL v2（GNU General Public License, version 2）：自由软件许可的第 2 版。

单击左侧列表中的 JDK 7，跳转页面后再单击上方菜单中的 Milestones，就能查看 OpenJDK 7 的开发里程碑。

本章将基于本书编写时 OpenJDK 7 的最新版本 jdk7-b147 进行讲解。

源码可以从以下网址下载。

ituring.cn/book/1922

如果想要获取某个特定开发版本的 OpenJDK 7 的源码，也可以使用维护在 GitHub 上的 OpenJDK 的代码仓库。GitHub 是目前最流行的开源分布式版本控制系统。

7.4 代码结构

HotSpotVM 的源码位于 src 文件夹内（见表 7.1）。

表 7.1　文件夹结构

文件夹	说　明
cpu	依赖 CPU 的代码
os	依赖操作系统的代码
os_cpu	依赖操作系统和 CPU 的代码（如在 Linux 上且是 x86 架构的 CPU）
share	通用代码

在表 7.1 最后的 share 文件夹内有一个 vm 文件夹（见表 7.2）。HotSpotVM 的大部分源码都在这个 vm 文件夹内。

表 7.2　vm 内的文件夹结构

文　件　夹	说　明
c1	C1 编译器
classfile	Java 类文件的定义
gc_implementation	GC 的实现部分
gc_interface	GC 的接口部分
interpreter	Java 解释器
oops	对象结构的定义
runtime	VM 运行时所需的库

此外，表 7.3 展示了 `src` 文件夹内的代码分布。

表 7.3　代码分布

语　言	代码行数	比　例
C++	420 791	93%
Java	21 231	5%
C	7432	2%

HotSpotVM 内约有 45 万行代码，其中绝大部分是 C++ 代码。

7.5 两个特殊类

HotSpotVM 内的大部分代码继承自以下两个类中的一个。

- `CHeapObj`类
- `AllStatic`类

由于这两个类在代码中会频繁出现，所以我们先来看看它们各自的用途。

7.5.1 CHeapObj 类

`CHeapObj` 类是一个由 C 的堆内存空间来管理的类。`CHeapObj` 类的子类的实例都会被分配在 C 的堆内存上。

`CHeapObj` 类的一个特殊之处在于它重写了 `new` 和 `delete` 运算符，在常见的 C++ 内存分配处理中添加了调试处理。这段调试处理只会在开发时被执行。

`CHeapObj` 类中实现了多段调试处理，不过这里我们只来看看其中之一——检测内存是否被破坏的调试功能。

调试过程中，在创建 `CHeapObj` 类（或是继承自 `CHeapObj` 的类）的实例时，调试功能会特意分配一些多余的内存空间。图 7.2 是分配后的内存空间示意图。

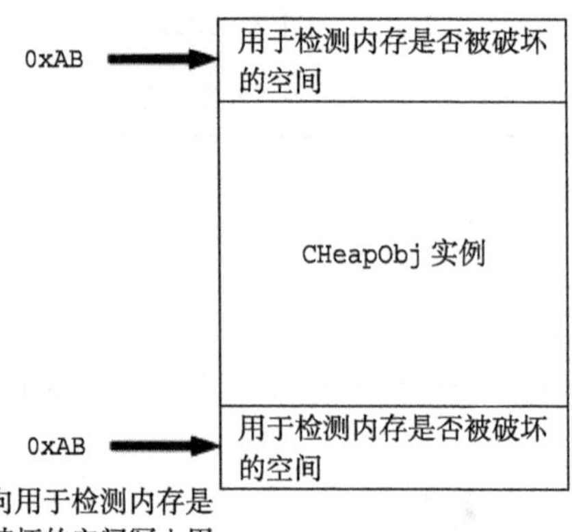

图 7.2 调试时的 CHeapObj 实例

如图 7.2 所示，额外分配的内存空间被用作“检测内存是否被破坏的空间”。调试功能会事先向其中写入值 `0xAB`。`CHeapObj` 类的实例使用的是图 7.2 正中间部分的内存空间。

然后，当 `CHeapObj` 类实例的 `delete` 运算符被调用时，调试功能会检测空间中的值是否还是 `0xAB`。如果值发生了变化，则表示在超出 `CHeapObj` 类实例范围的内存空间里发生了写值操作。这就是内存被破坏的证据，因此调试功能会在发现这个问题后输出错误信息，然后终止执行。

7.5.2 AllStatic 类

`AllStatic` 类是一个“仅带有静态信息”的特殊类。

继承自 `AllStatic` 类的类不需要创建实例。因此，想将全局变量或函数集中在一个命名空间中时，可以使用继承自 AllStatic 类的类充当该命名空间。在继承类中只会定义全局变量和它们的访问方法，以及静态（static）成员函数等直接通过类就可以使用的信息。

7.6 适用于各种操作系统的接口

HotSpotVM 需要运行于各种操作系统之上。因此，开发者为 HotSpotVM 设计了一种巧妙的结构，使得它能够通过统一的接口来处理各种操作系统的 API。

```
share/vm/runtime/os.hpp

80: class os: AllStatic {
      ...
223:   static char*  reserve_memory(size_t bytes, char* addr = 0,
224:                                size_t alignment_hint = 0);
      ...
732: };
```

由于 os 类继承自 AllStatic 类，所以不创建实例就可以使用。

os 类中定义的成员函数在 HotSpotVM 中都有对应各种操作系统的实现。

- os/posix/vm/os_posix.cpp
- os/linux/vm/os_linux.cpp
- os/windows/vm/os_windows.cpp
- os/solaris/vm/os_solaris.cpp

构建 OpenJDK 时，HotSpotVM 会从以上文件中，选择与当前操作系统对应的文件进行编译和链接。对于符合 POSIX API 标准的操作系统（Linux 和 Solaris 都属于此类），os/posix/vm/os_posix.cpp 会被链接。例如在 Linux 环境下，链接的就是 os/posix/vm/os_posix.cpp 和 os/linux/vm/os_linux.cpp。

因此，如果上面那个 share/vm/runtime/os.hpp 中定义的 os::reserve_memory() 被调用，那么与当前操作系统相对应的 os::reserve_memory() 就会被执行。

os::xxx() 这样的成员函数在代码中会经常出现，因此请务必掌握这一点。

实现篇

8 对象管理功能

在 HotSpotVM 中，我们可以自主选择使用哪种 GC 算法——只要在 Java 的启动选项中像“`-XX:+UseParalleGC`”这样指定即可。不同 GC 算法所管理的堆的布局并不相同。当然，这些 GC 算法自身也不同。本书将 HotSpotVM 的堆和 GC 统称为对象管理功能。本章我们将从整体上来看一看对象管理功能。

8.1 对象管理功能的接口

图 8.1 展示了对象管理功能的接口示意图。

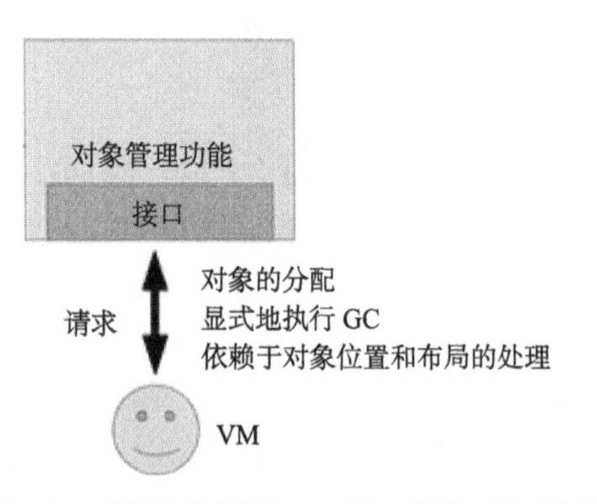

图 8.1 对象管理功能向 VM 公开的接口的示意图

对象管理功能对 VM 主要公开了以下 3 种接口。

① 对象的分配
② 显式地执行 GC

③ 依赖于对象位置和布局的处理

接口①会在 VM 指定对象的类型后，将 VM 堆内部分配的对象实体返回给我们。

接口②会在我们请求执行 GC 时，在 VM 堆内部执行 GC。

VM 并不知道 VM 堆内部对象的位置和布局，因此③是必需的。具体来说，③中定义了一系列接口，如对 VM 堆内部所有对象都执行指定函数的接口、对某个对象内部所有的字段都执行指定函数的接口，以及检查指定的内存地址是否被分配了对象的接口等。

只要遵守以上接口，我们就可以根据自己的需要改变对象管理功能的内部实现。也就是说，只要接口相同，那么实现不同的 GC 算法也是可能的。

VM 端通常会使用上述接口来实现 GC 算法，不会关注接口背后的对象管理功能的内部实现。但也有例外情况，届时需要根据 GC 算法的种类进行不同的处理。

8.2 对象管理功能的全貌

图 8.2 展示了对象管理功能的全貌。

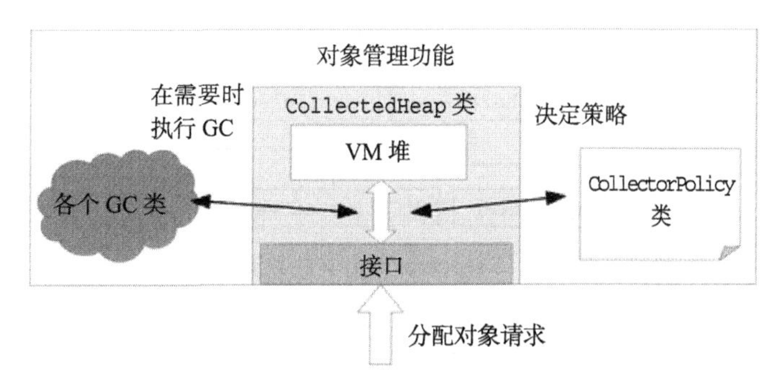

图 8.2 对象管理功能的全貌

CollectedHeap 类是接口。CollectedHeap 类根据 CollectorPolicy 类内的设定值来决定 GC 策略。而 CollectedHeap 类对各个 GC 类发送请求，要求它们对堆内部执行 GC。

首先，我们来看一看这张全貌图中的出场角色。CollectedHeap 类负责管理用来分配对象的 VM 堆。另外，它还具有对象管理功能接口的作用，会根据 CollectorPolicy 类中的数据进行合适的处理。

CollectorPolicy 类是用来定义对象管理功能整体策略（policy）的类。该类中保存了与对象管理功能相关的设置。例如，程序员在执行 Java 命令时指定的选项（GC 算法等）就由这个类负责管理。

各个 GC 类的职责是释放 VM 堆内部的垃圾对象，它们主要被 CollectedHeap 类调用。由于算法不同，GC 类也大不相同，所以这里才将它们统称为“各个 GC 类”。

如图 8.2 所示，对象管理功能在处理来自 VM 的分配对象请求时，CollectedHeap 类会接收请求，并根据 CollectorPolicy 类定义的策略，在内部内存空间上分配对象。如果没有足够的可用内存空间，它就会调用合适的 GC 类来执行 GC。

8.3 CollectedHeap 类

下面我们详细地看一看表示 VM 堆的 CollectedHeap 类（图 8.3）。

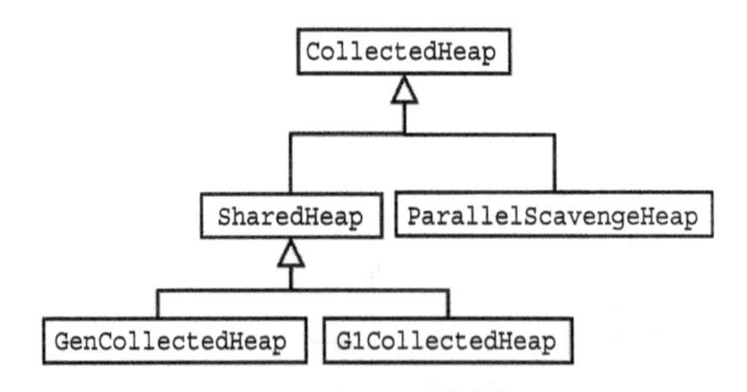

图 8.3 CollectedHeap 类的继承关系

如图 8.3 所示，VM 堆是由 CollectedHeap 这个抽象类统一进行处理的。CollectedHeap 类会根据 VM 堆的布局派生出子类。这个子类就是 VM 堆的实体。

8.3.1 OpenJDK 7 的启动选项和 VM 堆类

表 8.1 列举了在 OpenJDK 7 中可以指定的 GC 启动选项和 GC 所对应的 VM 堆类。

表 8.1 启动选项和使用的 VM 堆类

启动选项	GC 算法	VM 堆类
-XX:UseSerialGC	串行 GC	GenCollectedHeap
-XX:UseParallelGC	并行 GC	ParallelScavengeHeap
-Xincgc	增量 GC	GenCollectedHeap
-XX:UseConcMarkSweepGC	并发 GC	GenCollectedHeap
-XX:UseG1GC	G1GC	G1CollectedHeap

看完表 8.1 你就会发现，GC 算法与 VM 堆类之间并没有明确的对应关系。GenCollectedHeap 会被多种 GC 算法使用，但 G1CollectedHeap 只会被 G1GC 使用。

此处希望大家注意，不要仅根据 GenCollectedHeap 类的名字，就推测所有分代 GC 算法都会使用这个堆。HotSpotVM 的并行 GC 和 G1GC 并没有使用 GenCollectedHeap，但它们都属于分代 GC 算法。

8.4 CollectorPolicy 类

接下来，我们看一看定义对象管理功能策略的 CollectorPolicy 类（图 8.4）。

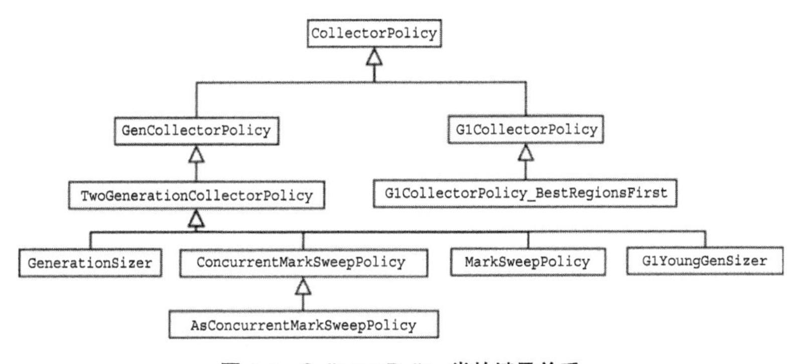

图 8.4 CollectorPolicy 类的继承关系

如图 8.4 所示，对象管理功能的策略是由 CollectorPolicy 抽象类统一管理的。CollectorPolicy 类会根据对象管理功能的策略派生出相应的子类。

8.4.1 启动选项和 CollectorPolicy 类

OpenJDK 7 中可以指定的 GC 启动选项，和所使用的 CollectorPolicy 子类之间的对应关系如表 8.2 所示。

表 8.2 启动选项和使用的策略

启动选项	策 略
-XX:UseSerialGC	MarkSweepPolicy
-XX:UsePararllelGC	GenerationSizer
-Xincgc	ConcurrentMarkSweePolicy （CMSIncrementalMode=true）
-XX:UseConcMarkSweepGC	ConcurrentMarkSweePolicy
-XX:UseG1GC	G1CollectorPolicy_BestRegionsFirst

CollectorPolicy 中以某种形式保存着在 Java 的启动选项中指定的 GC 相关信息。除了以上可以指定 GC 算法的启动选项外，常用的还有通过 -Xms 指定的初始堆大小的选项，以及通过 -Xmx 指定的最大堆大小的选项等。此外，与所指定的 GC 算法相关的具体设定值，比如 G1GC 的 MaxGCPauseMillis（最大暂停时间）等信息也保存在 CollectorPolicy 中。

CollectedHeap 会参考保存在 CollectorPolicy 中的信息，自行决定 GC 的执行策略并执行合适的 GC 处理。

8.5 各个 GC 类

CollectedHeap 使用各个 GC 类进行 VM 堆内部的垃圾回收。各个 GC 类并没有共同的接口，它们的定义比较随意。根据 GC 算法的不同，它们的实现也各不相同，只是拥有一个共同的目的，那就是 VM 堆上的垃圾回收。不过，尽管这些类的定义比较随意，但 CollectedHeap 类吸收了它们之间的区别，因此对 VM 端几乎没有什么影响。

我推测，这样做是在提高 GC 类的自由度，以便将来能够把任意 GC 算法都灵活地添加到 VM 中。实际上，G1GC 这种相当特殊的算法就是作为 GC 类被开发，在不破坏整体设计的情况下被引入到 VM 中的。

本书只对在 G1GC 中用到的那些 GC 类进行讲解。如果大家对其他 GC 类感兴趣，可以以表 8.1 和表 8.2 中对应的 `CollectedHeap` 和 `CollectorPolicy` 为线索，去研究 OpenJDK 的源码。

9 堆结构

本章讲解 G1GC 的 VM 堆结构。

9.1 VM 堆

如图 9.1 所示，HotSpotVM 的 VM 堆大体上分为以下两个部分。

① 程序员选择的 GC 算法所使用的内存空间
② 常驻（permanent）内存空间

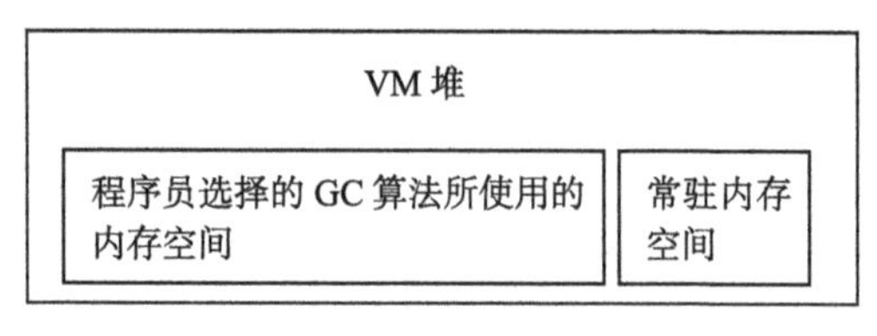

图 9.1　VM 堆的全貌

当程序员选择了 GC 算法后，HotSpotVM 会创建一个结构上适合该算法的内存空间。这个内存空间就是上面的①。该 GC 算法管理的对象会被分配在这块内存空间中。

②常驻内存空间中“常驻”的英文 permanent 是“永久”的意思。顾名思义，常驻内存空间中分配的是类型信息或方法信息等永久存在的对象。该空间的结构几乎不会随着 GC 算法的变化而变化。

9.1.1　VM 堆类的初始化

所有的 VM 堆类都继承自 `CollectedHeap` 类。

```
share/vm/gc_interface/collectedHeap.hpp

53: class CollectedHeap : public CHeapObj {

286:   virtual bool is_permanent(const void *p) const = 0;

323:   inline static oop obj_allocate(KlassHandle klass, int size, TRAPS);

497:   virtual void collect(GCCause::Cause cause) = 0;
```

如上所示，CollectedHeap 类具有各种各样的接口。

Universe::initialize_heap() 会选择合适的 VM 堆类。

```
share/vm/memory/universe.cpp

882: jint Universe::initialize_heap() {
883:
884:   if (UseParallelGC) {

886:     Universe::_collectedHeap = new ParallelScavengeHeap();

891:   } else if (UseG1GC) {

893:     G1CollectorPolicy* g1p = new G1CollectorPolicy_BestRegionsFirst();
894:     G1CollectedHeap* g1h = new G1CollectedHeap(g1p);
895:     Universe::_collectedHeap = g1h;

900:   } else {

901:     GenCollectorPolicy *gc_policy;

         /* 省略：选择合适的CollectorPolicy */

919:     Universe::_collectedHeap = new GenCollectedHeap(gc_policy);
920:   }
921:
922:   jint status = Universe::heap()->initialize();

       ...
```

关于 GC 算法与 VM 堆类的对应关系，8.4 节中已经讲解过了。这里请注意，合适的 VM 堆类的实例被创建并存储在 Universe::_collectedHeap 中后，该 VM 堆类的 initialize() 方法就会被调用。

Universe 类如下所示，它继承自 AllStatic 类。

```
share/vm/memory/universe.hpp

113: class Universe: AllStatic {

201:   static CollectedHeap* _collectedHeap;

346:   static CollectedHeap* heap() { return _collectedHeap; }
```

通过调用 `Universe::heap()` 方法，可以获取选自 `Universe::initialize_heap()` 方法的合适的 VM 堆类实例。

9.2 G1GC 堆

正如算法篇的 1.2 节中所说，G1GC 的堆被分为了一定大小的若干区域。这里我们看一看 G1GC 是如何维护各个区域的。

9.2.1 G1CollectedHeap 类

`G1CollectedHeap` 类承担了非常多的职责，一次性讲解这些职责只会让大家感到混乱，因此这里主要介绍 `G1CollectedHeap` 类的 3 个主要成员变量（图 9.2）。

- `_hrs`：通过数组维护所有`HeapRegion`
- `_young_list`：新生代`HeapRegion`的链表
- `_free_region_list`：空闲`HeapRegion`的链表

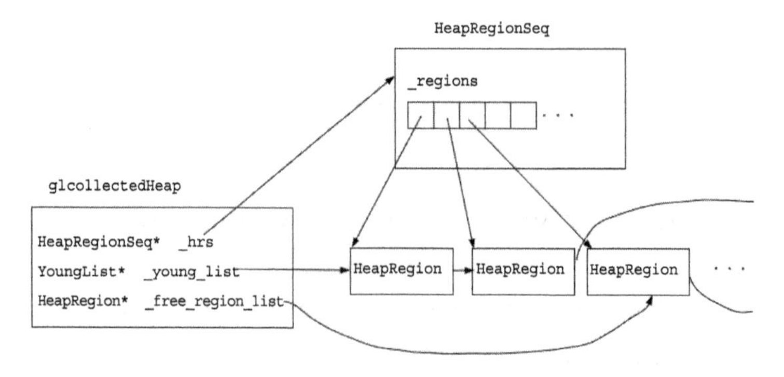

图 9.2 G1GC 堆的结构

管理各个区域的是 HeapRegion 类。G1CollectedHeap 类中有名为 _hrs 的成员变量，保存着指向 HeapRegionSeq 实例的指针。在 HeapRegionSeq 的成员变量 _regions 中，以数组的形式保存着与 G1GC 堆内部所有区域相对应的 HeapRegion 地址。

各个 HeapRegion 通过 G1CollectedHeap 类中的 _young_list 和 _free_region_list，以单向链表的方式连接在一起。

新生代的 HeapRegion 与 _young_list 相连，对应空闲区域的 HeapRegion 与空区域链表（_free_region_list）相连，而老年代的 HeapRegion 则没有与任何东西连接在一起。

9.2.2 HeapRegion 类

HeapRegion 类中的两个成员变量 _bottom 和 _end 分别保存着区域的头地址和尾地址（图 9.3）。

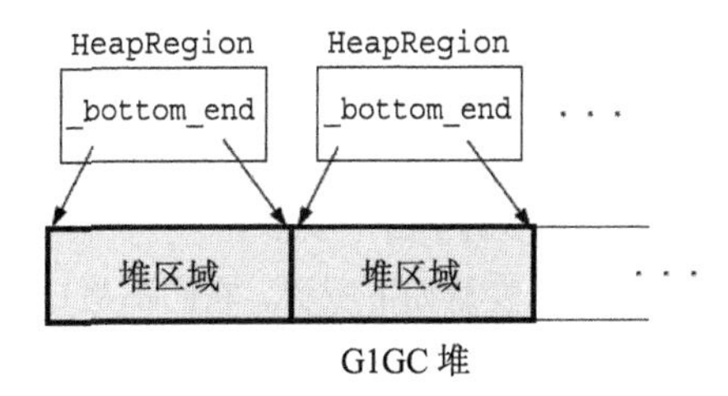

图 9.3 HeapRegion

HeapRegion 类的继承关系如图 9.4 所示。

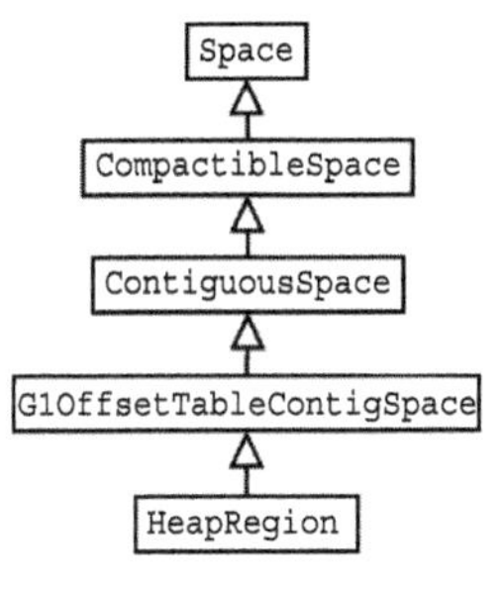

图 9.4 HeapRegion 的继承关系

尽管 HeapRegion 类的继承层次很深，但我们并没有必要完全掌握它们。只要知道 HeapRegion 类从各种类中继承了许多功能就可以了。

除了上面提到的 _bottom 和 _end 外，HeapRegion 类还拥有成员变量 _top。该变量中保存着区域内的空闲内存空间的头地址。_bottom、_end 和 _top 都是定义在 Space 类中的成员变量。

HeapRegion 类中定义有以下两个用于单向链表的成员变量。

① _next_young_region

② _next_in_special_set

顾名思义，①指的是下一个新生代区域。

②的 _next_in_special_set 成员变量会根据区域所属集合的不同而指向不同意义的区域。具体而言，当区域属于空闲区域链表时，它与下一个空闲区域相连；当区域属于回收集合链表时，它与当前正在被使用且是下一个回收对象的区域相连接。

此外，将 _next_in_special_set 成员变量与区域相连接时，为了记住 _next_in_special_set 成员变量的用途，HeapRegion 类会设置一个标志位来表示“这块区域属于哪个集合”。

用作标志位的主要成员变量如下所示。它们都是 bool 类型的。

- _in_collection_set：回收集合内的区域
- _is_gc_alloc_region：在上次转移后被分配了对象的区域

9.2.3 HeapRegionSeq 类

HotSpotVM 自身实现了一个用来表现数组的类 GrowableArray，而 HeapRegionSeq 类则是该类的包装类。

```
share/vm/gc_implementation/g1/heapRegionSeq.hpp

34: class HeapRegionSeq: public CHeapObj {
35:

38:   GrowableArray<HeapRegion*> _regions;
```

```
56:  public:
63:    void insert(HeapRegion* hr);
70:    HeapRegion* at(size_t i) { return _regions.at((int)i); }
114: };
```

第 38 行的 _regions 成员变量是个数组（GrowableArray 类的实例），里面保存着与区域相对应的 HeapRegion 类的实例。

GrowableArray 类与普通的数组不同，当我们向其中添加元素时，它的容量会自动扩大。从名字中也可以看出，它是一种容量可以增大（growable）的数组。

_regions 中保存的区域（HeapRegion 类实例）按照各区域头地址的升序排列。第 63 行中 insert() 成员函数的作用是向 _regions 中添加一个新的区域地址。这个 insert() 方法会进行排序处理。

第 70 行中 at() 成员函数的作用是返回指定索引上的区域。

9.3 常驻空间

管理 G1GC 常驻空间的是 CompactingPermGenGen 类。

g1CollectedHeap 类的 _perm_gen 成员变量中保存着指向 CompactingPermGenGen 实例的指针。

常驻空间并不是 G1GC 的回收对象，而是标记—压缩 GC（mark-compact GC）的回收对象，因此本章不对其进行详细讲解。

实现篇

10 分配器

本章将讲解 HotSpotVM 中的内存分配器。

10.1 内存分配的流程

让我们从 VM 堆的初始化开始，看一看 G1GC 中对象内存分配的流程。

内存分配流程的第一步是按照 G1GC 最大 VM 堆（G1GC 堆与常驻内存空间）的大小来申请内存空间（图 10.1）。程序员可以指定 G1GC 最大堆空间和最大常驻空间的大小。如果没有指定，那么 G1GC 最大堆空间默认为 64 MB，最大常驻空间也默认为 64 MB，共计 128 MB（根据使用的操作系统不同，默认值有所不同）。另外，G1GC 的 VM 堆是按照区域大小对齐的。

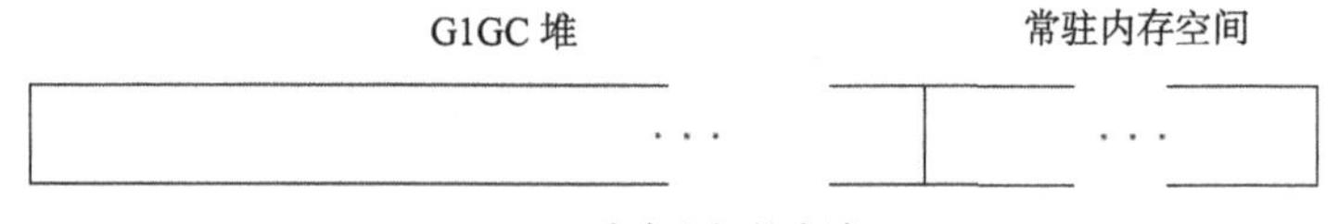

图 10.1 ① VM 堆的申请

请注意，在目前这个阶段还只是申请内存空间，并没有实际地分配物理内存。

接下来，需要为之前申请的 VM 堆分配最小限度的内存空间。这里会实际分配物理内存。G1GC 堆内的内存会以区域为单位分配（图 10.2）。

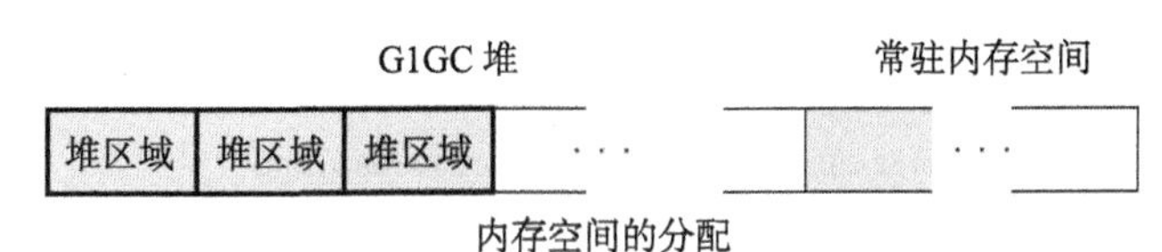

图 10.2 ② VM 堆的分配

这里，我们省略关于常驻内存空间分配的说明，只讲解 G1GC 堆内的内存分配。如图 10.3 所示，分配器已经在 G1GC 堆上为区域分配了空间，对象则会被分配到相应的区域内。

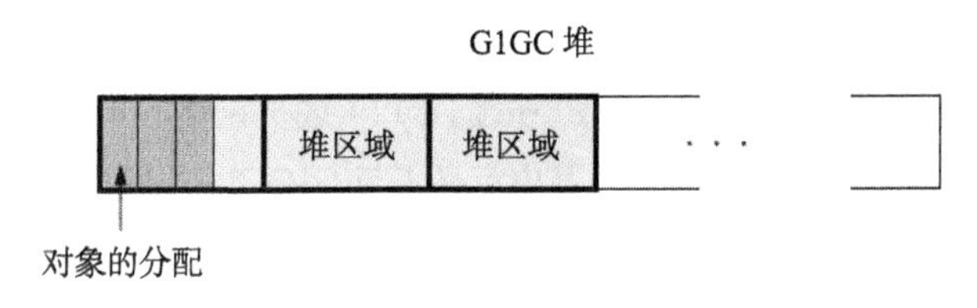

图 10.3 ③对象的分配

随着越来越多的对象被分配，可使用的区域会逐渐枯竭。这时需要从之前申请的内存空间中取出内存并分配给新的区域，让 G1GC 堆得到扩展（图 10.4）。于是对象就可以被分配到刚才新分配的区域中。

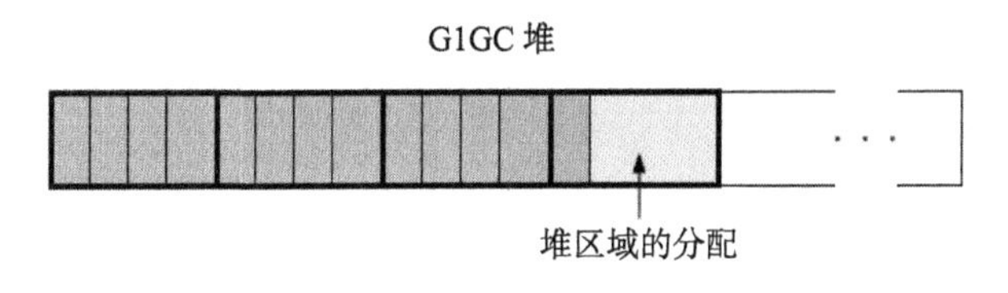

图 10.4 ④ G1GC 堆的扩展

10.2 VM 堆的申请

下面我们来看一看 VM 堆的申请是如何实现的。

各 VM 堆初始化的处理编写在继承自 `CollectedHeap` 类的各子类的 `initialize()` 方法中。对 G1GC 而言，就是在 `G1CollectedHeap` 的 `initialize()` 方法中。如果仅把 VM 堆的“申请内存空间”处理部分的源码提取出来，则是下面这样的。

```
share/vm/gc_implementation/g1/g1CollectedHeap.cpp

1794: jint G1CollectedHeap::initialize() {

1810:    size_t max_byte_size = collector_policy()->max_heap_byte_size();

1819:    PermanentGenerationSpec* pgs = collector_policy()
                                           ->permanent_generation();

1825:    ReservedSpace heap_rs(max_byte_size + pgs->max_size(),
1826:                          HeapRegion::GrainBytes,
1827:                          UseLargePages, addr);
```

第 1810 行的 collector_policy() 成员函数，返回的是指向 G1CollectorPolicy 实例（其中定义了与 G1GC 相关的标志位和设定值等）的指针，而 max_heap_byte_size() 成员函数则正如其字面意思，返回的是 G1GC 堆的最大大小。因此，max_byte_size 局部变量中存放的就是 G1GC 堆的最大大小。

第 1819 行的 pgs 中存放的是 PermanentGenerationSpec，它定义了与常驻空间相关的设定值等。

第 1825 行代码会创建 ReservedSpace 类的实例。这时会实际地申请 VM 堆。在创建 ReservedSpace 类的实例时，需要传递以下参数。第 1827 行的其他参数（UseLargePages、addr）不会被用到，因此可以忽略它们。

① G1GC 堆的最大大小 ＋ 最大常驻空间的大小

② 区域大小（HeapRegion::GrainBytes）

①是申请的内存空间的大小。②被用于对齐内存空间。

核心的 ReservedSpace 类的定义如下。

```
share/vm/runtime/virtualspace.hpp

32: class ReservedSpace VALUE_OBJ_CLASS_SPEC {
33:   friend class VMStructs;
34:  private:
```

```
35:   char*  _base;
36:   size_t _size;
38:   size_t _alignment;
```

第 35 行中的 _base 成员变量中存放的是申请到的内存空间的头地址。_size 中存放的是内存空间的大小，_alignment 中存放的则是内存空间对齐后的值。

这里没有展示详细的实现。在目前这个阶段，大家只要知道创建 ReservedSpace 类的实例就相当于申请了内存空间就可以了。

```
share/vm/gc_implementation/g1/g1CollectedHeap.cpp

1794: jint G1CollectedHeap::initialize() {

        /* 省略:ReservedSpace的创建 */

1884:   ReservedSpace g1_rs  = heap_rs.first_part(max_byte_size);

1889:   ReservedSpace perm_gen_rs = heap_rs.last_part(max_byte_size);
```

在创建完 ReservedSpace 类的实例后，申请到的内存空间会被一分为二，一份用作 G1GC 堆，另一份用作常驻空间。这两部分分别保存在对应的局部变量（g1_rs 和 perm_gen_rs）中。

10.3 VM 堆的分配

对之前申请到的 VM 堆内存进行实际分配的是 VirtualSpace 类。

```
share/vm/gc_implementation/g1/g1CollectedHeap.hpp

143: class G1CollectedHeap : public SharedHeap {

176:   VirtualSpace _g1_storage;
```

G1CollectedHeap 类中定义了一个存放 VirtualSpace 类实例的成员变量（请注意不是指针）。

```
share/vm/gc_implementation/g1/g1CollectedHeap.cpp

1794: jint G1CollectedHeap::initialize() {
```

```
        /* 省略：G1GC堆内存空间的申请 */

1891:   _g1_storage.initialize(g1_rs, 0);
```

第 1891 行代码会初始化 `_g1_storage` 成员变量。这里传递的第 1 个参数是之前创建的用于 G1GC 堆的 `ReservedSpace` 的指针，第 2 个参数是要分配的内存大小，此处为 `0`。因此，此时还没有进行实际的内存分配。

接下来看一看实际分配内存的处理。

```
share/vm/gc_implementation/g1/g1CollectedHeap.cpp

1794: jint G1CollectedHeap::initialize() {

1809:   size_t init_byte_size = collector_policy()
                                  ->initial_heap_byte_size();

        /* 省略：G1GC堆内存空间的申请 */

1937:   if (!expand(init_byte_size)) {
```

首先，`initialize()` 成员函数的第 1809 行代码将启动时要分配的内存空间的大小保存在 `init_byte_size` 中。然后，`expand()` 成员函数内会进行实际的内存分配处理。

10.3.1 区域的分配

`expand()` 是根据指定的内存空间大小分配区域的方法。如果在初始化 VM 堆时空闲区域枯竭了，那么该方法就会被调用。

```
share/vm/gc_implementation/g1/g1CollectedHeap.cpp

1599: bool G1CollectedHeap::expand(size_t expand_bytes) {

        /* 省略：
         * 将expand_bytes以区域大小为边界向上对齐
         * 将结果赋值给aligned_expand_bytes
         */

1610:   HeapWord* old_end = (HeapWord*)_g1_storage.high();
1611:   bool successful = _g1_storage.expand_by(aligned_expand_bytes);
1612:   if (successful) {
```

```
1613:     HeapWord* new_end = (HeapWord*)_g1_storage.high();
1624:     expand_bytes = aligned_expand_bytes;
1625:     HeapWord* base = old_end;
1626:
1627:     // 在old_end和new_end之间创建堆区域
1628:     while (expand_bytes > 0) {
1629:       HeapWord* high = base + HeapRegion::GrainWords;
1630:
1631:       // 创建区域
1632:       MemRegion mr(base, high);
1634:       HeapRegion* hr = new HeapRegion(_bot_shared, mr, is_zeroed);
1635:
1636:       // 添加到HeapRegionSeq中
1637:       _hrs->insert(hr);
1638:       _free_list.add_as_tail(hr);

1643:       expand_bytes -= HeapRegion::GrainBytes;
1644:       base += HeapRegion::GrainWords;
1645:     }

1667:   return successful;
1668: }
```

代码的前半部分用来将接收到的参数 expand_bytes 以区域大小为边界向上对齐，然后将结果赋值给 aligned_expand_bytes。

第 1610 行代码用来接收正在分配的内存空间的边界。由于在初始化 VM 堆时还没有分配内存空间，所以这里返回的是申请到的用于 VM 堆内存空间的头地址。这行代码中的 HeapWord* 是指向 VM 堆内地址时使用的。

实际的内存分配发生在第 1611 行 VirtualSpace 的 expand_by() 中。expand_by() 的参数是要分配的内存大小。这里向参数传递的是 aligned_expand_bytes，即要分配的区域大小的字节数。

如果内存分配成功了，后续代码就会创建出负责管理区域的 HeapRegion。

第 1629 行代码将距离 base 一个区域大小的地址赋值到 high 中。第 1632 行的 MemRegion 类是管理地址范围的类。它的构造函数会接收要管理的地址范围的头地址和尾地址作为参数。接着，第 1634 行代码会创建 HeapRegion 类的实例。第 1 个参数 _bot_shared 和第 3 个参数 is_zeroed 与区域分配并没有什么关系，这里我们先不管它们。

第 1637 行代码将指向刚创建的 HeapRegion 实例的指针添加到 HeapRegionSeq 中，第 1638 行代码将这个指针添加到 _free_region_list 末尾。至此，一个区域的内存分配处理就结束了。接下来要做的就是反复执行这段处理，直到将由第 1611 行分配的内存空间（aligned_expand_bytes）全部实际分配完毕。

10.3.2 Windows 上内存空间的申请和分配

内存空间的申请和分配实际上是怎样实现的呢？其实，实现方法会根据操作系统的不同而不同。这里我们先来看一看 Windows 上的实现方法。

Windows 上有一个叫作 VirtualAlloc() 的 API。HotSpotVM 就是使用这个 API 实现内存申请和分配的。

VirtualAlloc() 是底层 API，用于申请和分配虚拟内存空间内的页空间。它接收以下参数。

① 要申请或分配的内存空间的起始地址。如果这个参数为 NULL，那么将由系统决定要申请或分配的内存空间的起始地址

② 大小

③ 分配类型

④ 访问保护的类型

下面我们来看一看实际申请内存空间的 os::reserve_memory() 成员函数。代码中省略了不需要的部分。

```
os/windows/vm/os_windows.cpp

2717: char* os::reserve_memory(size_t bytes, char* addr,
                              size_t alignment_hint) {
2721:   char* res = (char*)VirtualAlloc(addr, bytes, MEM_RESERVE,
                                         PAGE_READWRITE);
2724:   return res;
2725: }
```

传递给第 2721 行第 3 个参数的 MEM_RESERVE 就是申请内存时的标

志位。向 VirtualAlloc() 方法传递了 MEM_RESERVE 后，VirtualAlloc() 只会申请指定大小的内存空间，而不会进行实际的物理内存分配。

接下来看一看用来分配内存的 os::commit_memory() 成员函数。代码中省略了不需要的部分。

```
os/windows/vm/os_windows.cpp

2857: bool os::commit_memory(char* addr, size_t bytes, bool exec) {

2866:   bool result = VirtualAlloc(addr, bytes, MEM_COMMIT,
                                   PAGE_READWRITE) != 0;

2872:     return result;

2874: }
```

传递给第 2866 行第 3 个参数的 MEM_COMMIT 就是分配内存空间时的标志位。向 VirtualAlloc() 方法传递了 MEM_COMMIT 后，VirtualAlloc() 就会按照指定的大小实际分配物理内存。

10.3.3 Linux 上内存空间的申请和分配

在 Linux 上，用来实现内存空间申请和分配的是 mmap()。

Linux 中没有申请内存空间的概念，调用 mmap() 后就会分配内存空间。不过，分配内存空间后并非立即就会分配物理内存。只有在分配到的内存空间被访问时才会实际地发生物理内存分配。

下面，我们来看一看用于申请内存空间的成员函数 os::reserve_memory() 在 Linux 中是什么样的吧。

```
os/linux/vm/os_linux.cpp

2787: char* os::reserve_memory(size_t bytes, char* requested_addr,
2788:                          size_t alignment_hint) {
2789:   return anon_mmap(requested_addr, bytes, (requested_addr != NULL));
2790: }

2751: static char* anon_mmap(char* requested_addr, size_t bytes,
                             bool fixed) {
2752:   char * addr;
2753:   int flags;
```

```
2754:
2755:   flags = MAP_PRIVATE | MAP_NORESERVE | MAP_ANONYMOUS;
2756:   if (fixed) {
2758:     flags |= MAP_FIXED;
2759:   }

2763:   addr = (char*)::mmap(requested_addr, bytes,
                           PROT_READ|PROT_WRITE,
2764:                      flags, -1, 0);

2776:   return addr == MAP_FAILED ? NULL : addr;
2777: }
```

os::reserve_memory() 只在内部调用 os::anon_mmap()。os::anon_mmap() 会使用 MAP_ANONYMOUS 来分配内存空间。请注意在 Linux 版中，它不是申请内存，而是实际地分配内存。

在第 2751 行代码中，传递给 mmap() 的 flag 局部变量中设置的是 MAP_NORESERVE，表示“不申请交换空间”（swap space）。在调用 mmap() 分配了内存地址后，为了保证一定能够分配到这些内存空间，有些操作系统还会接着申请对应大小的交换空间。而 MAP_NORESERVE 标志位的作用就是防止系统这么做。由于 os::reserve_memory() 这个阶段只是申请用于 VM 堆的内存空间，而不会进行对象分配等实际访问内存的操作，所以此时申请交换空间其实是一种浪费。对于 HP-UX[①] 那种会申请交换空间的操作系统来说，这种处理方式非常有效。

与内存空间分配相对应的部分——成员函数 os::commit_memory() 的处理则相反，它会在调用 mmap() 时指定要分配的内存空间大小，但不指定 MAP_NORESERVE 标志位。它与 os::reserve_memory() 的处理相似，这里就省略了其代码。

在 Linux 上实际分配物理内存的时机和在 Windows 上的不同。只有在分配好的内存空间上分配了对象，Linux 才会在 HotSpotVM 实际访问那块内存空间时分配物理内存。

---

① HP-UX 是惠普公司设计的 UNIX 操作系统。

10.3.4 VM 堆中实现对齐的方法

VM 堆是以区域大小对齐的。也就是说，VM 堆的头地址是区域大小的整数倍。那么，在 HotSpotVM 中是如何实现对齐的呢？

其实，实现方法非常简单。为了便于说明，我们假设对齐大小（区域大小）为 1 KB，VM 堆的大小大于 1 KB。具体的对齐步骤如下所示（图 10.5）。

① 申请 VM 堆大小的内存空间

② 记录在①的内存范围内且地址是 1 KB 的倍数的地址

③ 释放之前申请的内存空间

④ 指定通过②记录的地址，再次申请 VM 堆大小的内存空间

⑤ 如果④失败了，则返回到①重新开始

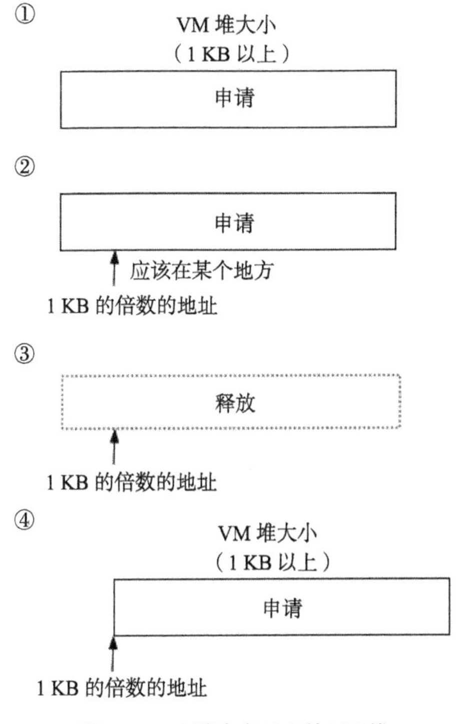

图 10.5　申请内存对齐的 VM 堆

首先，在①中申请VM堆大小的内存空间。申请内存空间时使用`os::reserve_memory()`函数。

在申请的内存空间范围之内的某个地方，一定存在1 KB的倍数的地址——因为我们申请的是大于1 KB的内存空间——这个1 KB的倍数的地址就是对齐地址。非常重要的一点是，所获取的对齐地址是由操作系统返回给我们的，这块内存空间确定可以使用。②是将这个地址记录下来的步骤。

③会把通过①申请的内存空间释放掉。由于只是申请了这块内存空间，还没有进行实际的内存分配，所以释放这块内存空间的性能开销很小。

④是指定通过②记录的内存地址，再次申请VM堆大小的内存空间。由于实际申请内存空间的`mmap()`和`VirtualAlloc()`可以用于指定要申请的空间的头地址，所以这里使用它们来申请。

但是，②中能够使用的地址，到了④的时候可能会变得不可用。如果④失败了，则返回①重新开始处理，直到成功为止。

10.4 对象的分配

接下来，我们看一看从分配在VM堆上的区域中分配对象的部分。

10.4.1 对象分配的流程

从调用`CollectedHeap`的通用接口，到实际从G1GC的VM堆上分配对象的流程如图10.6所示。

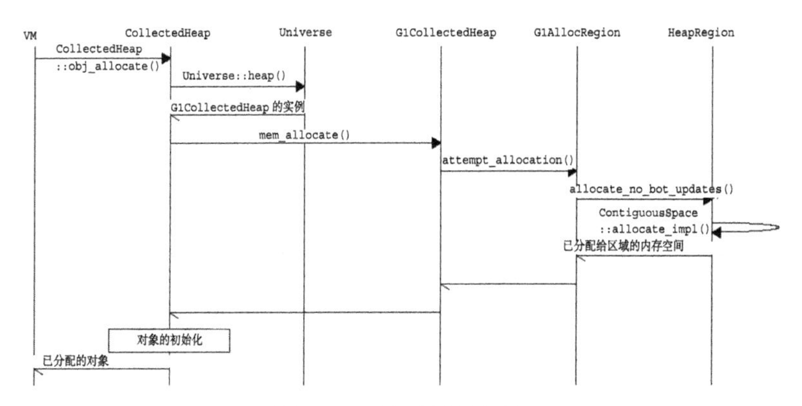

图 10.6 对象分配的流程

首先，VM 调用 `CollectedHeap::obj_allocate()` 来分配对象。接下来，`CollectedHeap` 调用 `Universe::heap()` 来获取在启动选项中选择的 VM 堆类（本例中是 `G1CollectedHeap`）的实例。然后，`CollectedHeap` 会调用所有 VM 堆类共有的 `mem_allocate()` 方法，分配所需大小的内存空间。`G1CollectedHeap` 内部会通过一系列处理从 VM 堆中取出一部分内存空间，并最终将这块空间作为已分配的内存空间返回给 `CollectedHeap`。在这之后，`CollectedHeap` 会根据指定的对象种类进行初始化工作，然后将对象返回给 VM。

10.4.2 在 G1GC 的 VM 堆中分配内存

下面我们来看一看在 `G1CollectedHeap` 中进行的从 VM 堆上分配内存的过程。首先是 `G1CollectedHeap` 的 `mem_allocate()` 方法。

```
share/vm/gc_implementation/g1/g1CollectedHeap.cpp

830: HeapWord*
831: G1CollectedHeap::mem_allocate(
                         size_t word_size,
832:                     bool   is_noref,
833:                     bool   is_tlab,
834:                     bool*  gc_overhead_limit_was_exceeded) {

843:     HeapWord* result = NULL;
```

```
845:        result = attempt_allocation(word_size, &gc_count_before);

849:      if (result != NULL) {
850:        return result;
851:      }

          /* 省略:执行GC */

884: }
```

第 845 行代码会指定对象的大小并调用 `attempt_allocation()`。如果这时无法分配内存，就执行 GC，在 VM 堆中清理出可使用的内存块。此处省略对这部分的讲解。

```
share/vm/gc_implementation/g1/g1CollectedHeap.inline.hpp

63: inline HeapWord*
64: G1CollectedHeap::attempt_allocation(
                           size_t word_size,
65:                        unsigned int* gc_count_before_ret) {

70:   HeapWord* result = _mutator_alloc_region.attempt_allocation(
                                               word_size,
71:                                            false /* bot_updates */);
72:   if (result == NULL) {
73:     result = attempt_allocation_slow(
                    word_size, gc_count_before_ret);
74:   }

79:   return result;
80: }
```

第 70 行代码中的 `attempt_allocation()` 是 `G1AllocRegion` 的成员函数，它会尝试从区域中分配对象。`G1AllocRegion` 是管理用于分配对象的区域的类。它的内部存放着一个（且只有一个）有可用空间的区域。

如果因存放在 `G1AllocRegion` 内的区域中的可用空间不足而分配失败，那么第 73 行会调用 `attempt_allocation_slow()`。`attempt_allocation_slow()` 会在 `G1AllocRegion` 中设置一个新的区域，并按照需要的大小为这个区域分配空间。这段处理的内容与主题几乎没有什么关系，故而省略。

```
share/vm/gc_implementation/g1/g1AllocRegion.inline.hpp

55: inline HeapWord* G1AllocRegion::attempt_allocation(
                                    size_t word_size,
56:                                 bool bot_updates) {

59:   HeapRegion* alloc_region = _alloc_region;

62:   HeapWord* result = par_allocate(alloc_region,
                                    word_size, bot_updates);
63:   if (result != NULL) {

65:     return result;
66:   }

68:   return NULL;
69: }
```

第 59 行代码中的 _alloc_region 成员变量，就是 G1AllocRegion 所管理的具有可用内存空间的区域。第 62 行代码会以这个区域为参数调用 par_allocate()。

在 par_allocate() 中经过若干次函数调用后，最终具有可用内存空间的区域（HeapRegion）的 allocate_impl() 成员函数会被调用。

allocate_impl() 是在 HeapRegion 所继承的 ContiguousSpace 类中定义的成员函数，它扮演的是实际从区域中分配内存的角色。

```
share/vm/memory/space.cpp

827: inline HeapWord* ContiguousSpace::allocate_impl(
                         size_t size,
828:                     HeapWord* const end_value) {
838:   HeapWord* obj = top();
839:   if (pointer_delta(end_value, obj) >= size) {
840:     HeapWord* new_top = obj + size;
841:     set_top(new_top);
843:     return obj;
844:   } else {
845:     return NULL;
846:   }
847: }
```

传递给 allocate_impl() 的参数 size 的不是对象大小的字节数而是字（word）数。传递给另一个参数 end_value 的是区域内块（chunk）

的尾地址。

第 839 行代码中的 pointer_delta() 函数以字为单位返回两个给定地址之间的差值，即区域内可用内存空间的头地址的 _top 和 end_value 之间的差值，然后以字为单位返回可用内存空间的大小。如果没有大于等于 size 大小的可用空间，则第 845 行代码会返回 NULL。

如果区域内有足够的可用空间，那么第 840 行代码会将 obj 移动 size 个单位至 new_top，然后在第 841 行中将 new_top 设置为下一个可用块的头地址。接着，第 843 行代码会返回所分配的内存空间的头地址（obj）。

10.5 TLAB

TLAB（Thread Local Allocation Buffer，线程本地分配缓冲区）是对象分配的要点之一，本节将简单地介绍一下它。

VM 堆是所有线程共享的内存空间。因此，在从 VM 堆上分配对象时，必须锁定整个 VM 堆，以防止其他线程同时分配对象。

但是让不同线程工作于不同的 CPU 核心上就是为了提升效率，要是为了分配对象而让它们等待 VM 堆上的锁定释放，这未免太浪费了。而 TLAB 解决这个问题的思路，就是让各个线程分别持有自己专用的分配对象的缓冲区，从而减少锁定次数。

当一个线程第一次分配对象时，它会从 VM 堆中得到一定大小的内存空间，然后作为它自己的缓冲区保存起来。这块缓冲区就称为 TLAB。这样一来，仅在分配 TLAB 时锁定 VM 堆即可。

当同一个线程第二次分配对象时，它会从 TLAB 中分配目标对象大小的内存。这时其他线程不可能访问这块缓存，因此就没有必要锁定 VM 堆了（图 10.7）。

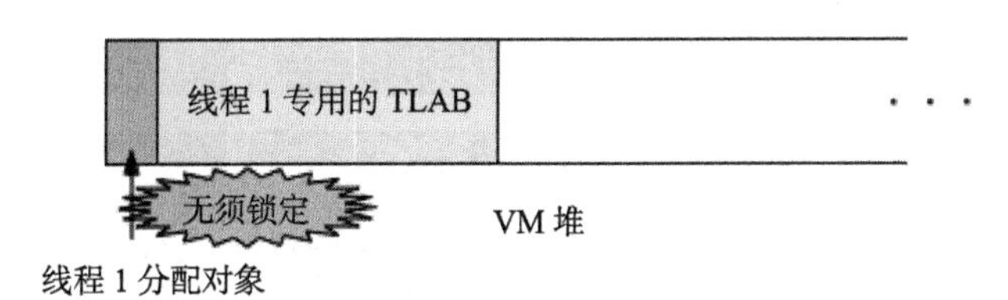

图 10.7 从 TLAB 中分配对象

TLAB 默认不启用，程序员可以在 Java 的启动选项中开启它并指定其大小。

本章，我们来看一看在 VM 堆上分配的对象的数据结构。这些被分配的对象当然就是 GC 的回收对象了。

11.1 oopDesc 类

oopDesc 类是所有 GC 目标对象的抽象基类。继承自 oopDesc 的类的实例都是 GC 的目标对象。

oopDesc 类的继承关系如图 11.1 所示。

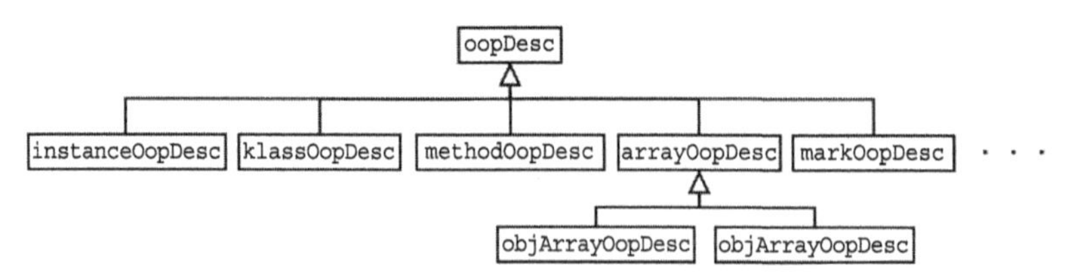

图 11.1　oopDesc 类的继承关系

oopDesc 类中定义了以下成员变量。

```
share/vm/oops/oop.hpp

61: class oopDesc {

63:  private:
64:   volatile markOop  _mark;
65:   union _metadata {
66:     wideKlassOop     _klass;
67:     narrowOop        _compressed_klass;
68:   } _metadata;
```

第 64 行代码中的 _mark 变量是对象头（object header）。_mark 变量中不仅保存了标记—清除算法的标记，还保存了对象所需的其他各种信息。

oopDesc 中有一个指向自己类的指针，即在第 65 行定义的联合体变量 _metadata。在大部分情况下，这个联合体中保存的是第 66 行中的 _klass 变量的值。顾名思义，_klass 保存的是指向对象类的指针。第 67 行中的 _compressed_klass 与 GC 无关，因此本书中不对其进行讲解。

在 HotSpotVM 中，oopDesc 实例的指针（oopDesc*）等类型都通过 typedef 定义了别名。

```
share/vm/oops/oopsHierarchy.hpp

42: typedef class oopDesc*                              oop;
43: typedef class   instanceOopDesc*            instanceOop;
44: typedef class   methodOopDesc*                methodOop;
45: typedef class   constMethodOopDesc*      constMethodOop;
46: typedef class   methodDataOopDesc*        methodDataOop;
47: typedef class   arrayOopDesc*                  arrayOop;
48: typedef class     objArrayOopDesc*          objArrayOop;
49: typedef class     typeArrayOopDesc*        typeArrayOop;
50: typedef class   constantPoolOopDesc*    constantPoolOop;
51: typedef class   constantPoolCacheOopDesc* constantPoolCacheOop;
52: typedef class   klassOopDesc*                  klassOop;
53: typedef class   markOopDesc*                    markOop;
54: typedef class   compiledICHolderOopDesc*  compiledICHolderOop;
```

在这些别名中，各个类型名字中的 Desc 都被去掉了。oopDesc 中的 Desc 是 describe（描述）的简称。也就是说，oopDesc 的意思是以类来描述名为 oop 的实体（对象）。本章将遵从 oopDesc 等的实例的别名定义，以 oop 的形式称呼它们。

11.2 klassOopDesc 类

klassOopDesc 类继承自 oopDesc，用来表示 Java 中的类。也就是说，Java 中的 java.lang.String 在 VM 中是 klassOopDesc 类的实例（klassOop）。这个类名中的一部分之所以不是 class 而是 klass，是

为了与 C++ 中的关键字区分开。这个方法在许多编译器中都用到了。

按照上一节所说，所有对象都会持有 klassOop。另外，klassOopDesc 自身也继承于 oopDesc，因此也持有成员变量 klassOop。

KlassOop 的特点是其内部持有 Klass 类的实例。实际上，klassOopDesc 类中几乎没有什么数据信息，klassOop 不过是在内部持有 Klass 实例的一个盒子而已。

11.3 Klass 类

顾名思义，Klass 类用来表示类型信息。Klass 的实例是作为 klassOop 的一部分被创建出来的。

Klass 是各种数据类型信息的抽象基类。Klass 的继承关系如图 11.2 所示。

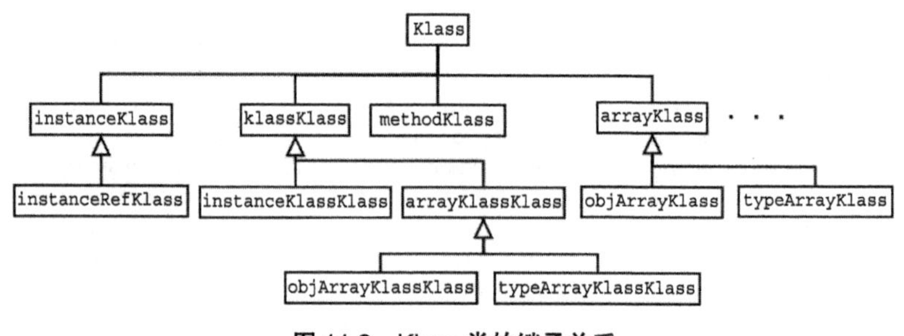

图 11.2 Klass 类的继承关系

在 Klass 的子类中有与 oopDesc 子类对应的类。那些 XXDesc 的实例中存放着 klassOop，klassOop 中保存着对应 XXDesc 的 XXKlass。

上一节提到，klassOop 不过是一个盒子。作为对象，klassOop 可以说是为了能够统一操作 Klass 及其子类而存在的接口。也就是说，从外侧看都是 klassOop，但其内部实际上可能是 instanceKlass，或者 symbolKlass 等（图 11.3）。

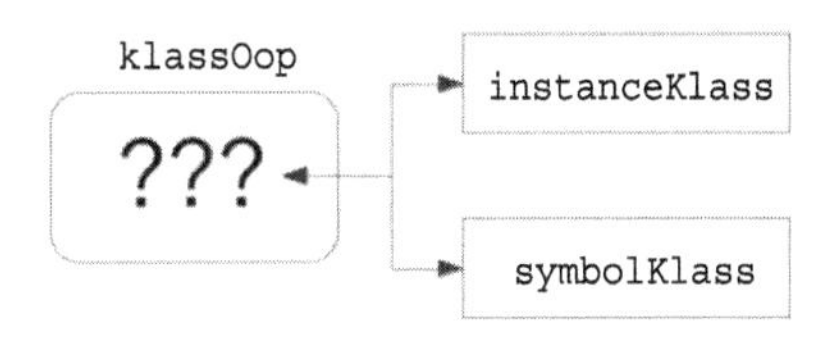

图 11.3　klassOop 是装 Klass 的盒子

11.4 类之间的关系

接下来，我们以一个对象为例，详细地看一看 oop 和 Klass 之间的关系。

假设有如下用来创建 String 类的对象的 Java 程序（代码清单 11.1）。

代码清单 11.1　用来创建 String 对象的 Java 程序

```
1: String str = new String();
2: System.out.println(
     str.getClass()); // => java.lang.String
3: System.out.println(
     str.getClass().getClass()); // => java.lang.Class
4: System.out.println(
     str.getClass().getClass().getClass()); // => java.lang.Class
```

在上面这段程序中，String 类的对象会被存放在 str 变量中。此时，在 HotSpotVM 中 oop 和 Klass 之间的关系如图 11.4 所示。

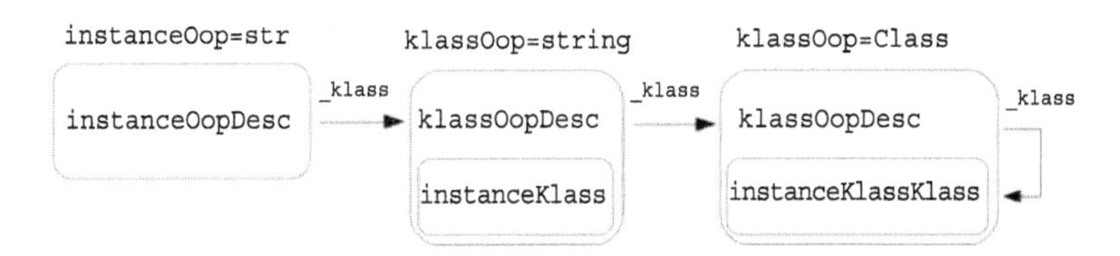

图 11.4　String 对象的 oop

instanceOop 对应 Java 中对实例的引用。图 11.4 左端的 instanceOop 表示指向执行 new String() 时生成的 instanceOopDesc 实例的指针。

instanceOop 在自身的 _klass 变量（表示对象是哪个类的变量）中持有 klassOop，然后 klassOop 中又存放着 instanceKlass 的实例。图 11.4 中间的 klassOop 与代码清单 11.1 第 2 行的 Java 中的 String 类相对应。

不但如此，图中间的 klassOop（即 Java 中的 String 类）在其内部还持有另外一个 klassOop。这个 klassOop 的内部存放着 instanceKlassKlass 的实例，也就是图 11.4 右端的 klassOop。它对应于代码清单 11.1 第 3 行的 Java 中的 Class 类。

instanceKlassKlass 表示 instanceKlass 的类。持有 instanceKlassKlass 的 klassOop 将自己保存在 _klass 中，使得从 instanceOop 开始的类锁链具有收敛性。查看代码清单 11.1 可以发现，第 3 行中 getClass() 方法的结果与第 4 行中 getClass() 方法的结果相同。这是类锁链在 instanceKlassKlass 上一直循环的缘故。

11.5 不要在 oopDesc 类中定义虚函数

绝不要在 oopDesc 类中定义 C++ 的虚函数[①]（virtual function）。

如果定义了虚函数，C++ 的编译器会在该类的实例中加入指向虚函数表[②]（vtable）的指针。如果在 oopDesc 中定义了虚函数，那么所有的对象都会被额外分配 1 个字的内存空间。这会造成内存空间使用率降低，因此在 oopDesc 类中不能定义 C++ 虚函数。

如果想要使用虚函数来定义在每个子类中进行不同处理的成员函数，那么就不能在 oopDesc 类中定义，而是必须在对应的 Klass 类中定义虚函数。

下面是在 Klass 类中定义虚函数的一部分代码。这里定义的虚函数可以让 Klass 类判断自己在 Java 中是一个具有什么作用的对象。

```
share/vm/oops/klass.hpp

172: class Klass : public Klass_vtbl {
```

① 虚函数：可以在子类中重新定义的函数。从 C++ 语法上讲，在成员函数前加上 virtual 就可以定义虚函数。

② 虚函数表：存放着程序运行时会调用的函数信息。

```
// 是Java中的数组吗?
582:   virtual bool oop_is_array()          const { return false; }
```

在 Klass 类的子类中，上面这个成员函数的重定义如下所示。

```
shara/vm/oops/arrayKlass.hpp

35: class arrayKlass: public Klass {
47:   bool oop_is_array() const { return true; }
```

接着，oopDesc 类中会调用 Klass 的虚函数。

```
share/vm/oops/oop.inline.hpp

139: inline Klass* oopDesc::blueprint() const {
       return klass()->klass_part(); }
146: inline bool oopDesc::is_array() const {
       return blueprint()->oop_is_array(); }
```

第 139 行代码中的 blueprint() 是从 klassOop 中取出 Klass 实例的成员函数。第 146 行代码会调用通过 Klass 的虚函数定义的成员函数。这里虽然调用的是 oop 的 is_array()，但实际是由对应的 Klass 的 oop_is_array() 进行处理的，最终返回 false。而如果调用的是 arrayOop 的 is_array()，则由对应的 arrayKlass 的 oop_is_array() 进行处理，最终返回 true。

尽管在 Klass 中定义虚函数会导致 klassOop 中附带有一个指向虚函数表的指针，但是在 Java 中，类的数量比对象的数量少，因此没有问题。

11.6 对象头

11.1 节中简单提到过“对象头”，这里再稍微详细地讲解一下。在 VM 中，对象头用 markOopDesc 类来表示。

对象头中主要有以下信息。

- 对象的散列值
- 年代（用于分代GC）
- 锁定标志位

11.6.1 奇妙的 markOopDesc

表示对象头的 markOopDesc 类的代码非常奇妙。我对 C++ 不是很熟悉，所以曾经在看到 markOopDesc 类的代码后由衷地感叹："原来代码还能这么写啊！"

markOopDesc 类仅用 1 个字的数据作为对象头。它的使用方法大致如代码清单 11.2 所示。

代码清单 11.2 markOopDesc 的使用方法

```
1: markOopDesc* header;
2: uintptr_t some_word = 1;
3:
4: header = (markOopDesc*)some_word;
5: header->is_marked();   // 查询标记状态
```

第 1 行代码定义了一个局部变量 markOopDesc*，第 2 行代码通过 uintptr_t 类型的局部变量 some_word，定义了一个大小为 1 个字的数据。

第 4 行代码将 some_word 的类型转换为 markOopDesc*，第 5 行代码进行函数调用。some_word 是 1。也就是说，第 5 行代码是将 1 这个地址上的数据当作实例来调用函数的，所以很有可能会发生段错误（segmentation fault），对吧？

实际上，从 markOopDesc 类的实现上来看，它自身不会被实例化，而只会使用自己的地址（this）。也就是说，它是一个将自身的地址用作对象头信息的类。

```
share/vm/oops/markOop.hpp

104: class markOopDesc: public oopDesc {
105:  private:
107:   uintptr_t value() const { return (uintptr_t) this; }

221:   bool is_marked()   const {
222:     return (mask_bits(value(), lock_mask_in_place)
                 == marked_value);
223:   }
```

有许多成员函数使用了第 107 行中返回 this 的 value()。第 221

行到第223行中用来返回对象是否被标记的成员函数 `is_marked()` 就是一个例子，我们来看一看它。第222行代码会对通过 `value()` 得到的1个字的数据进行位屏蔽，然后判断屏蔽位是否为1，并返回判断结果。

在第104行代码中，`markOopDesc` 继承了 `oopDesc` 类，不过它完全没有用到继承下来的成员。尽管 `markOopDesc` 从 `oopDesc` 继承了几个成员变量，但 `markOopDesc` 是不会被实例化的，因此也无法使用它们。那么，为什么还要多此一举地继承 `oopDesc` 类呢？原因写得非常清楚。

```
share/vm/oops/markOop.hpp

32: // Note that the mark is not a real oop but just a word.
33: // It is placed in the oop hierarchy for historical reasons.
    //（译）
    // 请注意mark并不是真正的oop，只是一个字。
    // 它之所以继承自oop，是历史遗留问题。
```

原来如此。嗯，那没有办法。如果是历史遗留问题，还真没办法。

我个人认为，此处没有必要弄得这么复杂，简单地定义一个带有1个字的成员变量的类就可以了。之所以没有那么做，可能是因为在C++中，编译器会分配多余的内存空间（vtable等）。不过，现在这种写法的代码并不方便阅读。

11.6.2 前向指针

作为对象头的使用示例，我们来看一看复制算法中前向指针的使用方法。

下面是G1GC中复制对象的成员函数的代码。

```
share/vm/gc_implementation/g1/g1CollectedHeap.cpp

4369: oop G1ParCopyHelper::copy_to_survivor_space(oop old) {

4370:   size_t    word_sz = old->size();

4382:   HeapWord* obj_ptr = _par_scan_state
                          ->allocate(alloc_purpose, word_sz);
4383:   oop       obj     = oop(obj_ptr);
```

```
4395:   oop forward_ptr = old->forward_to_atomic(obj);
4396:   if (forward_ptr == NULL) {
          // 对象的复制
4397:     Copy::aligned_disjoint_words((HeapWord*) old,
                                       obj_ptr, word_sz);

4457:   }
4458:   return obj;
4459: }
```

参数接收的是指向被复制对象的指针（old）。第 4370 行代码用来计算对象的大小，然后第 4382 行代码会分配一个同样大小的新对象。第 4383 行代码用来将新分配的内存空间的地址转换为 oop。

这里有必要对第 4383 行代码中的 oop(p) 部分（在本例中，p 是 obj_ptr）多讲一点。在 C++ 中，我们能够以与函数调用相同的语法显式地进行类型转换。转换与显式转换所能够接收的参数数量不同。转换本质上只能接收一个参数，而显式转换可以接收多个参数。不过，oop(p) 只接收一个参数，因此将其理解为 (oop)p 也是可以的。

第 4395 行的 forwad_to_atomic() 是创建前向指针的成员函数。该函数存在并行的可能性，如果在中途有其他线程先进行了复制，那么它会返回 NULL；如果正确地设置了前向指针，则第 4397 行代码会实际地将对象的内容复制过来，然后第 4458 行代码会返回复制出的对象的内存地址。

下面我们来看一看 forwad_to_atomic() 成员函数的实现。

```
share/vm/oops/oop.pcgc.inline.hpp

76: inline oop oopDesc::forward_to_atomic(oop p) {

79:   markOop oldMark = mark();
80:   markOop forwardPtrMark = markOopDesc::encode_pointer_as_mark(p);
81:   markOop curMark;

86:   while (!oldMark->is_marked()) {
87:     curMark = (markOop)Atomic::cmpxchg_ptr(
                                forwardPtrMark, &_mark, oldMark);

89:     if (curMark == oldMark) {
```

```
90:       return NULL;
91:     }

95:     oldMark = curMark;
96:   }
97:   return forwardee();
98: }
```

第 79 行代码将被复制的对象的头保存在局部变量 oldMark 中。接着，第 80 行代码将新复制出的对象的地址编码到前向指针中。稍后，我会讲解这个静态成员函数的内容。

然后，第 86 行至第 96 行代码会使用 CAS 命令将前向指针写入被复制的对象的 _mark 中，这是一步原子操作（atomic operation）。第 97 行的 forwardee() 会解码前向指针，并将其返回给调用方。这个函数的作用仅仅是将后面要讲到的“标记位”去掉而已。

下面是用来编码前向指针的 encode_pointer_as_mark() 的实现。

```
share/vm/oops/markOop.hpp

363:   inline static markOop encode_pointer_as_mark(void* p) {
         return markOop(p)->set_marked();
       }
```

它只是将接收到的指针转换为 markOop，然后调用 set_marked()。

```
share/vm/oops/markOop.hpp

158:   enum { locked_value                = 0,
              // ...
161:          marked_value                = 3,
              // ...
163:   };

333:   markOop set_marked()    {
         return markOop((value() & ~lock_mask_in_place) | marked_value);
       }
```

set_marked() 是用来将最低的 2 位设置为 1（设置标记位）的成员函数。这里利用了“对象的地址经过对齐后，其最低的 2 位一定为 0”的特点。

根据这个标记，我们可以判断一个对象是否已经被复制。

```
share/vm/oops/oop.inline.hpp

641: inline bool oopDesc::is_forwarded() const {
644:   return mark()->is_marked();
645: }
```

G1GC 或其他复制 GC 会调用上面的 `is_forwarded()` 来检查标记位，不会对已经被标记的对象再次进行复制。

12 HotSpotVM 的线程管理

在接下来的几章中，我们将学习 HotSpotVM 的线程管理。我在算法篇中讲过，G1GC 是一种结合了并行 GC 和并发 GC 的 GC 算法。并行 GC 和并发 GC 是通过它们各自的线程实现的，因此如何管理多线程是实现中的重点。

本章将介绍 HotSpotVM 的线程管理中接近操作系统的底层部分。

12.1 线程操作的抽象化

Windows 和 Linux 各自都有用来调用操作系统线程的库。在 Windows 上我们可以使用 Windows API 调用线程，而在 Linux 上可以使用实现了 POSIX 线程标准的 Pthreads 库调用线程。

在 HotSpotVM 内有一个能够以相同方式调用不同操作系统的线程的抽象层。为了能够在 HotSpotVM 内轻松调用线程，开发者们在设计上花了不少工夫。

12.2 Thread 类

在 HotSpotVM 内操作线程的基本功能是由 `Thread` 类实现的，而决定线程行为的是继承自 `Thread` 类的子类的实现。图 12.1 展示了 `Thread` 类的继承关系。

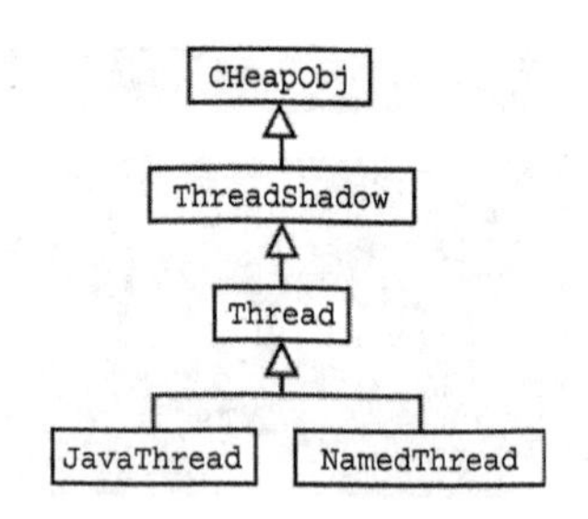

图 12.1 Thread 类的继承关系

由于 Thread 类继承自 CHeapObj 类，所以它的实例直接分配在 C 的堆内存空间上。

Thread 类中定义了一个虚函数 run()。

```
share/vm/runtime/thread.hpp

94: class Thread: public ThreadShadow {
    ...
1428:  public:
1429:   virtual void run();
```

run() 函数会在创建出的线程上运行。继承自 Thread 类的子类负责实现 run()，在其中定义实际要在线程上进行的处理。

Thread 类的父类 ThreadShadow 会对线程运行中发生的异常进行统一处理。

Thread 类的子类 JavaThread 表示的是在 Java 语言级别运行的线程。当开发者创建一个 Java 线程时，HotSpotVM 内部就会创建一个 JavaThread 类的实例。不过 JavaThread 类和 GC 没有什么紧密关系，因此本书不会详细讲解它。

NameThread 类支持线程的命名。我们可以为 NameThread 类及其子类的实例设置一个唯一的名字。那些被用作 GC 线程的类都是通过继承 NameThread 类而实现的。

12.3 线程的生命周期

让我们按照顺序来看一看线程是如何被创建出来，处理是如何开始和结束的。下面是一个线程的生命周期。

① 创建 Thread 类的实例
② 创建线程（os::create_thread()）
③ 开始线程处理（os::start_thread()）
④ 结束线程处理
⑤ 释放 Thread 类的实例

首先，在阶段①创建 Thread 类的实例。这时会初始化用来管理线程的资源，并进行创建线程前的准备。

关于②、③和④，请参考图 12.2。

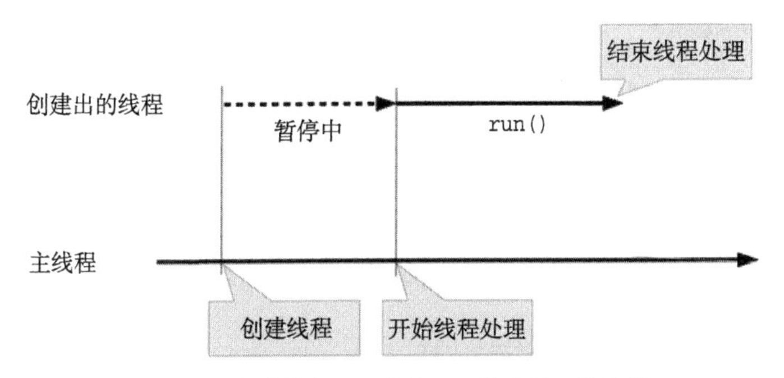

图 12.2 创建线程、开始处理、结束处理的流程

在阶段②实际创建线程。这个阶段创建出的线程是处于暂停状态的。

在阶段③启动暂停的线程。在这个阶段，Thread 类的子类所实现的 run() 成员函数会在创建出的线程上被调用。

阶段④中 run() 成员函数的处理结束后，线程的处理就会结束。

在阶段⑤释放 Thread 类的实例。这时，析构函数还会释放线程所使用的资源。

12.3.1 OSThread 类

Thread 类中定义了一个存放 OSThread 类的实例的成员变量

_osthread。OSThread 类中存有操作线程时所需的依赖于各个操作系统的线程信息。在创建线程时，OSThread 类的实例会被创建并存放在 _osthread 成员变量中。

如下所示，在定义 OSThread 类时，需要根据不同目标操作系统读取不同的头文件。

```
share/vm/runtime/osThread.hpp

61: class OSThread: public CHeapObj {
   ...
67:   volatile ThreadState _state; // 线程的状态
   ...
102:   // Platform dependent stuff
103: #ifdef TARGET_OS_FAMILY_linux
104: # include "osThread_linux.hpp"
105: #endif
106: #ifdef TARGET_OS_FAMILY_solaris
107: # include "osThread_solaris.hpp"
108: #endif
109: #ifdef TARGET_OS_FAMILY_windows
110: # include "osThread_windows.hpp"
111: #endif
```

下面我们来看一看 Linux 的部分头文件。

```
os/linux/vm/osThread_linux.hpp

49:   pthread_t _pthread_id;
```

pthread_t 是在 Pthreads 中会用到的数据类型。_pthread_id 中存放的是通过 Pthreads 操作线程时所需的 pthread 的 ID。

此外，OSThread 类中还定义了保存线程当前状态的成员变量 _state。_state 成员变量中的值是在 ThreadStaet 中定义的枚举值。

```
share/vm/runtime/osThread.hpp

44: enum ThreadState {
45:   ALLOCATED,     // 已经分配但还未初始化的状态
46:   INITIALIZED,   // 已经初始化但处理还未开始的状态
47:   RUNNABLE,      // 处理已经开始，可以启动的状态
48:   MONITOR_WAIT,  // 等待监视器锁争用
49:   CONDVAR_WAIT,  // 等待条件变量
```

```
50:    OBJECT_WAIT,   // 等待Object.wait()的调用
51:    BREAKPOINTED, // 停止在断点处
52:    SLEEPING,      // Thread.sleep()中
53:    ZOMBIE         // 虽满足条件，但还未回收的状态
54: };
```

`_state` 成员变量是各个操作系统通用的变量，`ThreadState` 的值也是各个操作系统通用的枚举值。

12.4 Windows 线程的创建

我们来看一看 VM 在各个操作系统上是如何操作线程的。首先是 Windows 上线程的创建。

创建线程的成员函数定义在 `os::create_thread()` 中。`os::create_thread()` 内所进行的处理的概要如下所示。

① 创建 `OSThread` 的实例
② 确定在线程中要使用的栈大小
③ 创建线程，保存线程信息
④ 将线程状态变为 `INITIALIZED`

下面我们来看一看 `os::create_thread()` 的实现。

```
os/windows/vm/os_windows.cpp:os::create_thread()

510: bool os::create_thread(Thread* thread,
                            ThreadType thr_type,
                            size_t stack_size) {
511:   unsigned thread_id;
512:
513:   // ①创建OSThread的实例
514:   OSThread* osthread = new OSThread(NULL, NULL);
528:   thread->set_osthread(osthread);
```

首先，创建 `OSThread` 的实例，然后将创建出的实例保存在通过参数传入的 `Thread` 实例中。

```
os/windows/vm/os_windows.cpp:os::create_thread()
```

```
      // ②确定在线程中要使用的栈大小
530:    if (stack_size == 0) {
531:      switch (thr_type) {
532:      case os::java_thread:
533:        // 可以通过-Xss选项修改
534:        if (JavaThread::stack_size_at_create() > 0)
535:          stack_size = JavaThread::stack_size_at_create();
536:        break;
537:      case os::compiler_thread:
538:        if (CompilerThreadStackSize > 0) {
539:          stack_size = (size_t)(CompilerThreadStackSize * K);
540:          break;
541:        }
            // 如果ComplierThreadStackSize是0，则将VMThreadStackSize
            // 设置为栈大小
543:      case os::vm_thread:
544:      case os::pgc_thread:
545:      case os::cgc_thread:
546:      case os::watcher_thread:
547:        if (VMThreadStackSize > 0)
              stack_size = (size_t)(VMThreadStackSize * K);
548:        break;
549:      }
550:    }
```

然后，该函数会确定在线程中要使用的栈大小。如果通过参数接收到的栈大小（`stack_size`）为 0，则需要根据线程的种类（`thr_type`）确定合适的栈大小。这段处理的目的在于通过指定要使用的栈大小范围来节省内存消耗。

虽然 `ComplierThreadStackSize` 和 `VMThreadStackSize` 是由各个操作系统决定的，但程序员可以通过 Java 的启动选项指定 `JavaThread::stack_size_at_create()`。

```
os/windows/vm/os_windows.cpp:os::create_thread()

    ③创建线程，保存线程信息
573: #ifndef STACK_SIZE_PARAM_IS_A_RESERVATION
574: #define STACK_SIZE_PARAM_IS_A_RESERVATION  (0x10000)
575: #endif
576:
577:   HANDLE thread_handle =
578:     (HANDLE)_beginthreadex(NULL,
579:       (unsigned)stack_size,
580:       (unsigned (__stdcall *)(void*)) java_start,
```

```
581:         thread,
582:         CREATE_SUSPENDED | STACK_SIZE_PARAM_IS_A_RESERVATION,
583:         &thread_id);

606:     osthread->set_thread_handle(thread_handle);
607:     osthread->set_thread_id(thread_id);
```

接下来，os::create_thread() 会调用 _beginthreadex() 函数（Windows API）创建线程。传递给 _beginthreadex() 函数的参数的是以下数据。

① 线程的安全属性。如果是 NULL，则不指定任何安全属性
② 栈大小。如果是 0，则使用与主线程相同的值
③ 要在线程上处理的函数的地址
④ 要传递给在③中指定的函数的参数
⑤ 线程的初始状态。CREATE_SUSPENDED 表示暂停状态
⑥ 指向接收线程 ID 的变量的指针

除此之外，⑤（线程的初始状态）中还指定了 STACK_SIZE_PARAM_IS_A_RESERVATION 标志位。下一节将详细讲解这个标志位。

第 606 行和第 607 行用来将创建线程时获取的 thread_handle 和 thread_id 设置到 OSThread 实例中。

```
os/windows/vm/os_windows.cpp:os::create_thread()

     ④将线程状态变为INITIALIZED
610:     osthread->set_state(INITIALIZED);

613:     return true;
614: }
```

最后，将线程的状态变为 INITIALIZED，os::create_thread() 的处理就结束了。

STACK_SIZE_PARAM_IS_A_RESERVATION 标志位

根据代码中的注释，设置 _beginthreadex() 的 stack_size 时会

出现问题，而 STACK_SIZE_PARAM_IS_A_RESERVATION 标志位就是为了解决这个问题而设计的。这里我简单地翻译一下代码（os/windows/vm/os_windows.cpp）中的注释。

MSDN 文档中写明的处理与实际的处理有些不同。_beginthreadex() 的 stack_size 定义的并不是线程的堆大小，而是最开始提交的内存大小。栈大小是通过执行文件的 PE 头[①]定义的。假设启动器（launcher）的栈大小的默认值是 320 KB。这时如果 stack_size 的值在 320 KB 以下，那么对线程的栈大小没有任何影响。如果 stack_size 的值比 PE 头的默认值（320 KB）大，那么栈大小会向最近的 1 MB 的倍数对齐，而这会对最开始提交的内存大小有影响。也就是说，当 stack_size 的值比 PE 头的默认值大时，可能会导致内存使用量大幅增长。原因是不仅栈空间会增长数 MB，而且整个内存空间还会被提前分配。

最终 Windows XP 为 CreateThread() 增加了一个 STACK_SIZE_PARAM_IS_A_RESERVATION 标志位，它的作用是告诉 CreateThread() 函数“请将 stack_size 当作栈大小”。不过，JVM 用到的是 C 运行时库，无法根据 MSDN 的说明直接调用 CreateThread()[②]。

不过，我们还有一个好消息：这个标志位在 _beginthreadex() 同样起作用哟。

在一窥 Windows API 的黑暗面之后，想必大家已经明白了指定 STACK_SIZE_PARAM_IS_A_RESERVATION 为 _beginthreadex() 的参数的理由。

12.5 Windows 线程的处理开始

父线程会在 os::create_thread() 处理结束后调用 os::start_thread()，让创建的线程开始处理。这个函数是各个操作系统的通

① PE 头是一个定义在执行文件中的位置，保存了执行时所需的信息。

② 因此调用的是 _beginthreadex()。

用函数。

```
share/vm/runtime/os.cpp

695: void os::start_thread(Thread* thread) {

698:   OSThread* osthread = thread->osthread();
699:   osthread->set_state(RUNNABLE);
700:   pd_start_thread(thread);
701: }
```

第 669 行代码将线程的状态设置为 `RUNNABLE`，第 700 行代码调用 `os::pd_start_thread()`。在不同的操作系统上，`os::pd_start_thread()` 的实现也不同。

```
os/windows/vm/os_windows.cpp

2975: void os::pd_start_thread(Thread* thread) {
2976:   DWORD ret = ResumeThread(thread->osthread()->thread_handle());

2982: }
```

第 2976 行代码调用 `ResumeThread()` 函数（Windows API），让暂时处于中断状态的线程继续执行。在线程上首先执行的函数是作为参数传递给 `_beginthreadex()` 的 `java_start()`。

```
os/windows/vm/os_windows.cpp

391: static unsigned __stdcall java_start(Thread* thread) {

421:         thread->run();

435:   return 0;
436: }
```

第 421 行代码会执行在继承自 `Thread` 类的子类中定义的 `run()` 函数。

12.5.1 有效使用缓存行

在 `java_start()` 函数中有一段乍看起来莫名其妙的代码，上一节我省略掉了。

```
os/windows/vm/os_windows.cpp

391: static unsigned __stdcall java_start(Thread* thread) {
397:   static int counter = 0;
398:   int pid = os::current_process_id();
399:   _alloca(((pid ^ counter++) & 7) * 128);

421:         thread->run();

435:   return 0;
436: }
```

这里简单地讲解一下第 397 行至第 399 行代码。_alloca() 是在栈空间中分配内存的函数。传递给 _alloca() 的参数的值是通过每次调用 java_start() 时从 [0..7] 范围内算出的一个值（这个值每次会加 1）乘以 128 得到的。第一次的值是由进程 ID 决定的。简单来说就是以进程或线程为单位，每次以 128 的差值传递给 _alloca()。

这段处理可以分散栈所使用的 CPU 缓存行的位置。

CPU 缓存行是缓存中所保存的数据的一个单位。如图 12.3 所示，几乎所有的缓存会被分割为数字节的缓存行。CPU 会将频繁使用的数据以缓存行为单位存储起来。

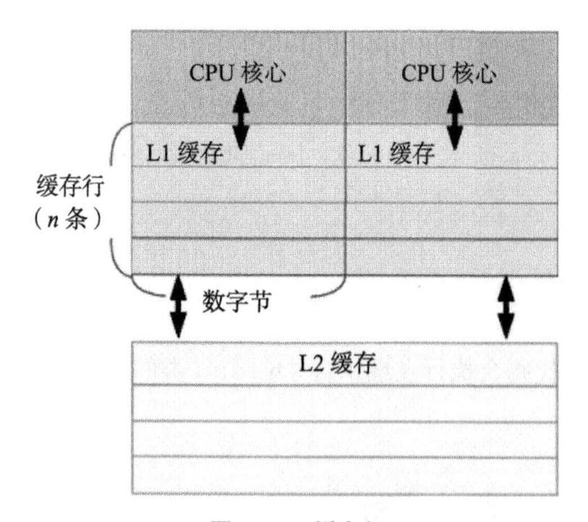

图 12.3 缓存行

现在许多 CPU 都有两级缓存，最接近核心的是 L1 缓存（1 级缓存），其次是 L2 缓存。缓存以缓存行为单位存放数据。

开发者在解决问题时担心的是“在多个会创建相同栈跟踪（stack trace）的线程已被创建出来的情况下，缓存行的使用位置可能会出现分布不均的问题”。如果跟踪栈是相同的，那么各栈帧（stack frame）的地址间隔就会相同，存放栈帧的缓存行就可能会出现偏差。

此外，双核和四核的 CPU 几乎是共享 L2 缓存的。因此如果陷入上面这种状态，那么在访问栈时，线程间会发生争夺缓存的问题，这会导致线程的处理速度下降。而且，在将 CPU 处理器虚拟为两个处理器的超线程技术（Hyper-Threading，HT）中，这两个虚拟处理器之间是共享缓存的，因此速度下降的问题会更加严重。

所以，开发者通过第 397 行至第 399 行代码，让线程在稍微偏离原位置的地址开始分配栈内存，以避免缓存行的使用位置出现不均。

12.6 Linux 线程的创建

下面我们来看一看在 Linux 环境下线程是如何被创建出来的。对于与 12.4 节介绍过的内容相重复的部分，本节将不再赘述。

```
os/linux/vm/os_linux.cpp:os::create_thread()

866: bool os::create_thread(Thread* thread,
                            ThreadType thr_type,
                            size_t stack_size) {

870:   OSThread* osthread = new OSThread(NULL, NULL);

876:   osthread->set_thread_type(thr_type);
877:
       // 最初的状态是ALLOCATED
879:   osthread->set_state(ALLOCATED);
880:
881:   thread->set_osthread(osthread);
882:
       // 初始化线程属性
884:   pthread_attr_t attr;
885:   pthread_attr_init(&attr);
886:   pthread_attr_setdetachstate(&attr, PTHREAD_CREATE_DETACHED);

       // 省略:确定在线程中使用的栈大小
```

```
923:   pthread_attr_setguardsize(
         &attr, os::Linux::default_guard_size(thr_type));
924:
```

第 870 行至第 881 行代码会初始化 osthread。os::create_thread() 在 Linux 上同样会通过 set_state() 设置线程状态，只不过在 Linux 上是将其设置为 ALLOCATED，不同于 Windows 上的 INITIALIZED。

第 884 行和第 885 行代码会初始化线程的属性。pthread_attr_t 是存放 pthread 的属性的结构体。第 885 行的 pthread_attr_init() 函数将 attr 变量初始化为由 Pthreads 确定的默认值。

第 886 行代码中的 pthread_attr_setdetachstate() 会设置分离（detach）状态这个线程属性。如果将其设置为 PTHREAD_CREATE_DETACHED 标志位，那么被创建出来的线程将处于分离状态。处于分离状态的线程会在结束处理后自动释放自身的资源。不过，处于分离状态的线程是在和主线程分离的状态下执行处理的，因此我们无法结合（join）处于分离状态的线程。

第 923 行代码中的 pthread_attr_setguardsize() 会指定栈的警戒缓存大小。关于这一点，我将在 12.6.1 节中详细讲解。

```
os/linux/vm/os_linux.cpp:os::create_thread()

925:   ThreadState state;
926:
927:   {

934:     pthread_t tid;
935:     int ret = pthread_create(&tid, &attr,
                                (void* (*)(void*)) java_start,
                                thread);
936:
937:     pthread_attr_destroy(&attr);

         // 将pthread信息保存在OSThread中
951:     osthread->set_pthread_id(tid);
952:

         // 等待子线程完成初始化或出现异常结束
954:     {
955:       Monitor* sync_with_child = osthread->startThread_lock();
```

```
956:        MutexLockerEx ml(sync_with_child,
                             Mutex::_no_safepoint_check_flag);
957:        while ((state = osthread->get_state()) == ALLOCATED) {
958:          sync_with_child->wait(Mutex::_no_safepoint_check_flag);
959:        }
960:      }

965:    }

977:    return true;
978: }
```

第 935 行代码调用 pthread_create() 创建线程。传递给它的参数分别来自以下数据。

① 指向接收线程 ID 的变量的指针
② 栈属性。通过指向之前设置的 attr 的指针来指定
③ 在线程上进行处理的函数地址
④ 传递给在③中指定的函数的参数

第 954 行至第 960 行代码会等待创建出的线程完成初始化。第 957 行代码的 while 循环会一直等待线程的状态变为 ALLOCATED 之外的值。线程的状态是在 java_start() 中被改变的。也就是说，当创建出的线程准备就绪，且线程的处理实际开始执行后会退出 while 循环。第 958 行代码中的 wait() 是让线程等待的处理。我将在后面的章节中对 wait() 进行详细讲解。

12.6.1　栈的警戒缓存

在 os::create_thread() 中有设置栈的警戒缓存大小的代码，如下所示。

```
os/linux/vm/os_linux.cpp:os::create_thread()（再次贴出）

923:    pthread_attr_setguardsize(
          &attr, os::Linux::default_guard_size(thr_type));
```

所谓栈的警戒缓存，是指为了防止栈内存溢出而设置的警戒内存空

间。如图 12.4 所示，Linux 在紧邻栈内存的地方设置了一块额外的内存空间，当发生栈溢出时，访问这块警戒缓存就会发出 SEGV 信号。

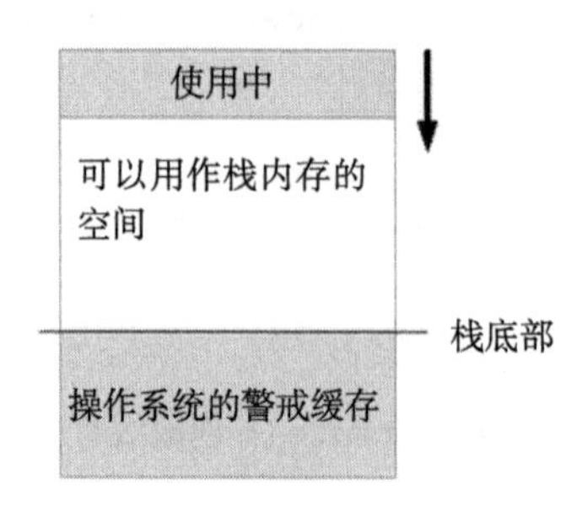

图 12.4 警戒缓存

在可用于栈内存的内存空间底部有一块警戒缓存，访问操作系统的警戒缓存就等于栈内存溢出了。

警戒缓存空间的大小是通过 `os::Linux::default_guard_size()` 指定的。该函数的定义如下所示。

```
os_cpu/linux_x86/vm/os_linux_x86.cpp

662: size_t os::Linux::default_guard_size(os::ThreadType thr_type) {
665:   return (thr_type == java_thread ? 0 : page_size());
666: }
```

如果不是 Java 线程，则返回 1 页大小；如果是 Java 线程，则返回 0。也就是说，如果是 Java 线程，就不创建警戒缓存。这是为什么呢?

如图 12.5 所示，Java 线程另行准备了自己的警戒缓存，可以实现关于栈溢出的错误处理和事后处理。也就是说，在 Java 线程中，操作系统准备警戒缓存毫无意义，反而浪费缓存空间，所以 `pthreead_attr_setguardsize()` 会将其指定为 `0`。

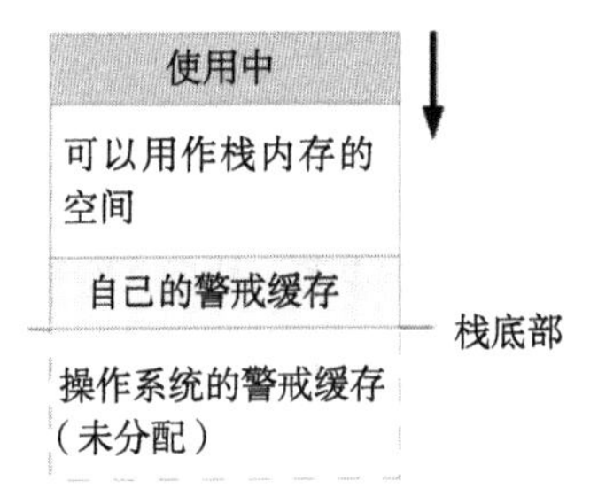

图 12.5 Java 线程的警戒缓存

Java 线程在可以用作栈内存的空间底部有一块自己的警戒缓存。

12.7 开始 Linux 线程的处理

由于在 Linux 中无法生成暂停状态的线程，所以 `java_start()` 会立即被执行。

```
os/linux/vm/os_linux.cpp

807: static void *java_start(Thread *thread) {

        /* 偏移缓存行的处理 */

819:   OSThread* osthread = thread->osthread();
820:   Monitor* sync = osthread->startThread_lock();

       // 与父线程的握手
847:   {
848:     MutexLockerEx ml(sync, Mutex::_no_safepoint_check_flag);
849:
         // 唤醒等待中的父线程
851:     osthread->set_state(INITIALIZED);
852:     sync->notify_all();

         // 等待os::start_thread()被调用
855:     while (osthread->get_state() == INITIALIZED) {
856:       sync->wait(Mutex::_no_safepoint_check_flag);
857:     }
858:   }

861:   thread->run();
862:
```

```
863:   return 0;
864: }
```

第 848 行至第 852 行代码会向处于等待状态的父线程发送通知，告诉它们自己的初始化过程已经结束了。然后，在第 855 行和第 856 行代码中，子线程会等待 os::start_thread() 被调用。

父线程会在检测到第 851 行代码中发生的线程状态变化后结束 os::create_thread()，并调用 os::start_thread()。os::start_thread() 是 Linux 和 Windows 共通的函数。让我们再次一起看一看这个函数。

```
share/vm/runtime/os.cpp（再次贴出）

695: void os::start_thread(Thread* thread) {

698:   OSThread* osthread = thread->osthread();
699:   osthread->set_state(RUNNABLE);
700:   pd_start_thread(thread);
701: }
```

第 669 行代码将线程状态变为 RUNNABLE。这样一来，线程就会退出 while 循环。pd_start_thread() 的处理会唤醒处于等待状态的子线程。

```
os/linux/vm/os_linux.cpp

1047: void os::pd_start_thread(Thread* thread) {
1048:   OSThread * osthread = thread->osthread();

1050:   Monitor* sync_with_child = osthread->startThread_lock();
1051:   MutexLockerEx ml(sync_with_child,
                         Mutex::_no_safepoint_check_flag);
1052:   sync_with_child->notify();
1053: }
```

第 1052 行代码会唤醒子线程。子线程在退出等待状态后会调用 run()，开始执行用户定义的线程处理。

13 线程的互斥处理

本章将讲解在访问线程间共享资源时所进行的互斥处理。由于在进行 GC 的线程间，对象是被当作共享资源的，所以在很多情况下需要进行互斥处理。

13.1 什么是互斥处理

如果线程共享内存空间，那么就会出现多个线程同时在一个地址上读写数据的情况。有些数据可能会因其他线程的插入而更改，如果在编程时没有考虑到这一点，内存就会在意想不到的地方遭到破坏，这会引发难以查清原因的错误。

像这样对于某个单一资源，多个线程同时进行处理会引发问题的部分，就称为“临界区”（critical section）。

在处理临界区时，线程必须进行一连串的原子操作，以防其他线程的处理插进来。某个线程阻止其他线程插入，自己独享资源的处理就称为“互斥处理”。

13.2 互斥量

实现互斥处理的一种简单的方式是使用互斥量[①]（mutex）。这个词是由词组 mutal exclusion（互斥条件）合成而来的。

关于互斥量有很多种比喻，这里引用武者晶纪在其著作中所举的卫生间的例子[10]。

① 也称为互斥锁。——译者注

假设多位家庭成员住在只有一个卫生间的房子里。使用卫生间时需要遵守一定的规则。当卫生间的门上挂着“使用中”的牌子时不能使用卫生间，想使用卫生间的人必须在卫生间外等待。如果卫生间的门上挂着“未使用”的牌子，那么翻转牌子，让“使用中”的一面朝上后，就可以独自使用卫生间了。使用完卫生间的人可以将“使用中”那一面翻转为“未使用”，而其他人是不能进行这个操作的。将牌子翻到“使用中”一面的操作称为“加锁”（lock），将牌子翻到“未使用”一面的操作称为“解锁”（unlock），卫生间则称为“临界区”。

无论家庭关系多么和睦，两个人同时使用一个卫生间的情况都是不存在的（吧）。因此，如果将每位家庭成员看作线程，那么想必大家都能理解“卫生间就相当于临界区”的说法。

在本例中，使用卫生间前无须敲门，其他人也不会在有人的时候进入卫生间。这就是“互斥量”。

互斥量是互斥处理的一种基本实现，基于互斥量还可以实现其他许多互斥处理。

13.3 监视器

Java 语言自带监视器（monitor）这种同步结构。而 HotSpotVM 内部的互斥处理一般都会使用监视器。

在讲解监视器之前，我想提醒大家注意一点：Java 中用到的监视器与通常大家熟知的监视器略有不同。因此如果想学习一般的监视器的知识，建议大家读一读武者晶纪的著作[10]。

13.3.1 Java 的监视器

下面，我们借助滑雪板租赁商店的情景讲解 Java 监视器（图 13.1）。假设租赁商店中滑雪板的尺寸和样式都相同，而且商店非常窄小，一次只能进入一位顾客。如果前面已经有顾客进入商店，那么其他顾客就只能在店外排队等待。当店内没有顾客后，排在第一位的顾客就可以进入店内。进入店内的顾客可以租滑雪板。如果没有多余的滑雪板了，那么顾客就要在店内的等候室里等待。

返还滑雪板的顾客同样必须在店外排队等待。将滑雪板返还后，顾客可以呼叫一位在等候室里等待的顾客或所有顾客。被呼叫的顾客只有在店里没有其他顾客的情况下才可以进入店内。如果店外有人排队，那么他必须排到队尾等待。如果再次进入商店时滑雪板恰巧又没有了，那么他还是必须进入等候室等待。

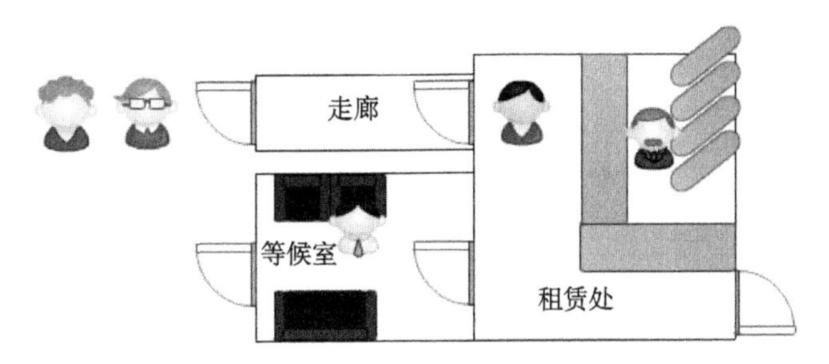

图 13.1 监视器示例——窄小的滑雪板租赁商店

以上是关于监视器的比喻。这时，共享资源是滑雪板，监视器是租赁商店。如果将顾客看作线程，那么同时只能有一个线程进入监视器。当租赁商店中有顾客时，商店处于被加锁的状态。顾客离开后商店被解锁，其他顾客就可以进入商店了。就 Java 语言而言，在等候室内等待就是 wait 方法，通知等候室内的一位顾客就是 notify 方法，通知所有顾客就是 notifyAll 方法。

13.3.2 Java 监视器与一般监视器的区别

我们再来看一个例子。现在假设共享资源是租赁的影碟。如果没有想看的影碟，那么顾客必须在等候室等待。返还影碟的顾客在返还后会通知等候室里的顾客。这时所返还的影碟不一定是被通知到的顾客想要租的影碟。如果不是想要的，那么这位顾客必须回到等候室继续等待。这种监视器的问题在于，在等候室的顾客无法告知商店自己想要租什么影碟。如果顾客可以将“我想看的影碟是这个（张三）”这样的字条贴在店内，那么返还影碟的顾客在看到字条后就可以准确地通知正在等待的顾客。这样可以避免被通知到的顾客进入店内后发现没有自己想租的影碟而失望。这样的"字条"就称为条件变量（condition variable）。

这就是 Java 监视器与一般监视器的不同之处。一般的监视器中有条件变量，而 Java 的监视器中没有。

如果监视器所管理的共享资源是像影碟这样非常依赖于顾客需求的资源，那么留字条的方式更加方便。因为返还影碟的顾客可以选择等候区内合适的顾客进行通知，减少了顾客无故被通知的情况。而 Java 的监视器中没有字条，因此返还影碟的顾客会通知等候室内的所有顾客，然后让他们自己判断是否有可用的资源。

不过，如果监视器所管理的共享资源是前面滑雪板那种不依赖于顾客的资源，那么使用 Java 的监视器就完全没有问题。由于所有滑雪板都是一样的，在等候室里等待的顾客随便借哪一个都行，只要有人返还一个滑雪板就可以，因此他们无须留字条。

Java 中提供的就是这种不带条件变量的简单的监视器。

13.4 监视器的实现

这里我们看一下监视器的实现方法。不过这个话题有些偏离 GC 的主题，因此这里仅粗略地讲解实现中重要的部分。此外，这里所讲述的实现方法是 HotSpotVM 的例子，并非所有监视器都是这么实现的。

13.4.1 线程的暂停与重新启动

首先来看一看线程在"排队"或在"等候室"等待时的暂停与重新启动。这两个处理分别是在下面这两个成员函数中实现的。

- `os::PlatformEvent::park()`：等待
- `os::PlatformEvent::unpark()`：重新启动

英文单词 park 是"停车"，unpark 是"发车"的意思。这两个成员函数在不同的操作系统上有不同的实现。这次我们就简单地看一下它们在 Linux 上的实现。

park() 成员函数是像下面这样使用 pthread_cond_wait() 实现等待处理的。

```
os/linux/vm/os_linux.cpp

4916: void os::PlatformEvent::park() {

4928:       int status = pthread_mutex_lock(_mutex);

4933:           status = pthread_cond_wait(_cond, _mutex);

4948: }
```

os::PlatformEvent 的实例中有 _cond 和 _mutex 两个成员变量。_cond 是条件变量，_mutex 是互斥量，它们都会被 Pthreads 使用。第 4928 行代码调用 pthread_mutex_lock() 锁定 _mutex。然后，第 4933 行代码调用 pthread_cond_wait() 将当前线程变为暂停状态。pthread_cond_wait() 接收 _cond 和表示锁定状态的 _mutex 作为参数。当线程变为暂停状态后，_mutex 在 pthread_cond_wait() 内部会被解锁。

unpark() 会像下面这样调用 pthread_cond_signal() 重新启动线程。

```
os/linux/vm/os_linux.cpp

5011: void os::PlatformEvent::unpark() {

5028:       int status = pthread_mutex_lock(_mutex);

5034:           pthread_cond_signal (_cond);

5049: }
```

第 5034 行代码中的 pthread_cond_signal() 会对通过参数指定的在条件变量上等待的一个线程发送信号，重新启动它。此处是对 os::PlatformEvent 实例中在 _cond 变量上等待的线程发送信号。

顺便一提，在 Windows 上是使用 WaitForSingleObject()、SetEvent() 实现与上面几乎相同的处理的。

Thread 类中有一个成员变量是 ParkEvent 类的实例。该

ParkEvent 类继承自 os::PlatformEvent 类。

```
share/vm/runtime/thread.hpp

94: class Thread: public ThreadShadow {

       // 被内部的Mutex/Monitor使用
582:   ParkEvent * _MutexEvent ;
```

因此，如图 13.2 所示，对于 HotSpotVM 所管理的一个线程（Thread 类实例）的 _MutexEvent，通过调用 park()、unpark() 可以暂停或是重新启动目标线程。在讲解监视器时的比喻中讲到的“在等候室里等待”“从等候室出来”“排队等待”等操作都是通过调用 park()、unpark() 实现的。

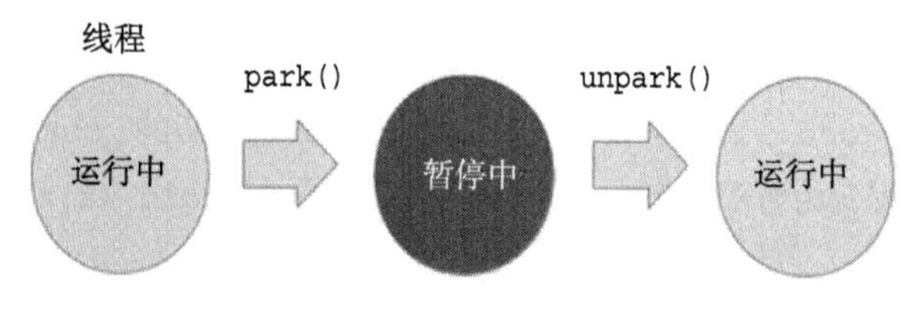

图 13.2 park() 和 unpark()

对一个线程调用 park() 后该线程就会暂停。让线程处于暂停状态可以避免浪费 CPU 计算。调用 unpark() 后可以重新启动线程。

13.4.2 监视器的加锁与解锁

下面我们来看一看监视器的加锁与解锁。由于接下来的实现非常复杂，所以这里只粗略地介绍一下。

图 13.3 是监视器状态的一个例子。在这个监视器中，队列（EntryList）里有 B、C 两个线程正在等待。监视器前面有一个狭小的走廊（OnDeck）。然后，当前持有监视器内的锁的是线程 A。

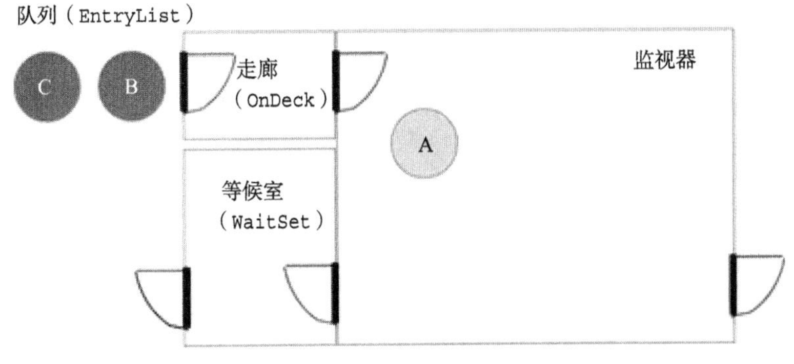

图 13.3　监视器状态示例

由于监视器被加锁了，所以 EntryList 中的线程 B 无法获取锁。

先来看一看加锁的流程。在某个线程获取锁时，如果监视器内没有其他线程，那么它可以立即进入监视器并获取锁（参考图 13.3 中的线程 A）。而如果这时监视器内已经有其他线程了，那么它就必须排到 `EntryList` 队列中，等待其他线程离开监视器（参考图 13.3 中的线程 B、C）。

接下来看一看解锁的流程。在监视器被解锁时，`EntryList` 中的线程会执行取锁处理。例如线程 A 在解锁时的具体步骤如下所示。

① 解锁了监视器的线程 A 将 `EntryList` 中的第一个线程（B）放到 `OnDeck` 中
② 线程 A 唤醒 `OnDeck` 的线程 B（`unpark()`）
③ 线程 B 确认自己是否在 `OnDeck` 中
④ 线程 B 进入并给监视器加锁

13.4.3　监视器的 wait、notify 和 notifyAll 方法

首先来考虑 wait 方法的实现。由于监视器内的线程在 wait 时也会解锁监视器，所以 wait 方法的实现与上一小节中解锁监视器的处理相同。不过，在 wait 方法中必须有调用 `park()` 让监视器内的线程等待的处理。

接下来考虑 notifyAll 方法的实现。图 13.4 是多个线程在等候室（`WaitSet`）中等待的示意图。此外，`EntryList` 中没有线程排队，获

取监视器锁的是线程 A。

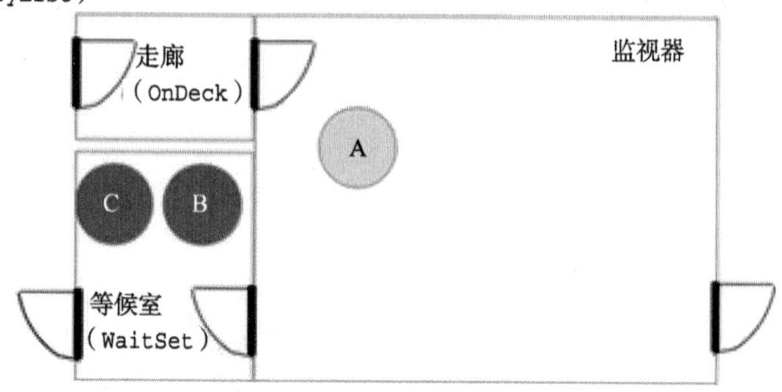

图 13.4　线程的 notifyAll

线程 B、C 在 WaitSet 中处于调用 park() 之后的状态。线程 A 拿着监视器的锁。EntryList 是空的。

假设此时线程 A 在监视器内执行了 notifyAll 处理。

notifyAll 会从 WaitSet 内取出线程，并对其调用 unpark()。这些线程从 WaitSet 中出来后，几乎同时开始运行。然后，如图 13.5 所示，它们会一边竞争一边形成一个队列。这条队列称为 ContentionQueue。在队列形成后，线程 A 会亲自调用 park()，进入暂停状态。

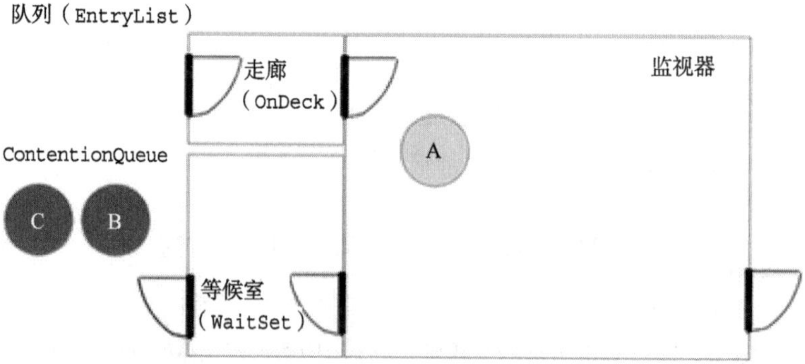

图 13.5　线程竞争

从 WaitSet 中出来的线程 B、C 一边竞争一边形成一个队列。这时它们在队列中的顺序取决于竞争结果，赢的排在前面。

最后，线程 A 解锁监视器（图 13.6）。这时线程 A 会尝试将 EntryList 中的第 1 个线程放到 OnDeck 中，但是 EntryList 是空的，因此线程 A 会将 ContentionQueue 升级为 EntryList。然后，它再将 EntryList 中的第 1 个线程放到 OnDeck 中，并对其调用 unpark()。这之后的处理与前面讲解过的解锁处理相同，因此不再赘述。

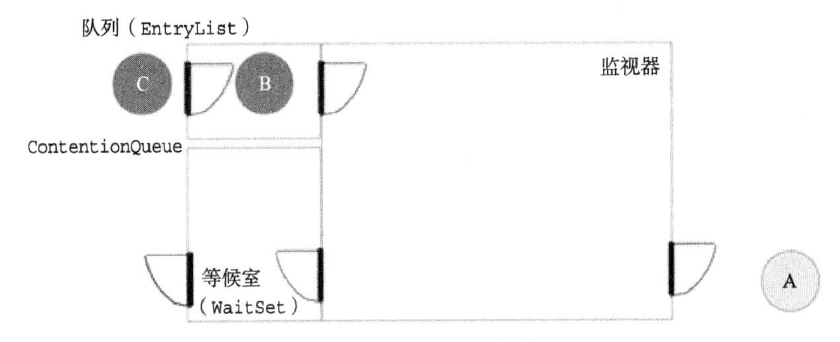

图 13.6　监视器的解锁

解锁监视器的线程 A 将 ContentionQueue 升级为 EntryList，并将第 1 个线程放到 OnDeck 中。

最后是 notify 的实现。除了是通知 WaitSet 中的所有线程还是通知其中的一个线程这一点，它的处理流程与 notifyAll 的相同。

13.5 Monitor 类

HotSpotVM 中实现了一个 Monitor 类。在 VM 内部使用的线程会使用这个类进行互斥处理。

Monitor 类中定义有如下所示的成员函数。

```
share/vm/runtime/mutex.hpp

87: class Monitor : public CHeapObj {

177:  public:
185:   bool wait(bool no_safepoint_check = !_no_safepoint_check_flag,
186:             long timeout = 0,
187:             bool as_suspend_equivalent
                   = !_as_suspend_equivalent_flag);
```

```
188:    bool notify();
189:    bool notify_all();

193:    void lock(Thread *thread);
194:    void unlock();
```

这个 Monitor 类的一个实例就相当于前面租赁商店的例子中的监视器。例如，创建了 10 个 Monitor 类的实例，就相当于创建了 10 家租赁商店的监视器。然后，各家租赁商店分别管理各自的共享资源。而顾客（线程）只要遵守监视器的规定，就可以进入所有的租赁商店。

不看具体的代码可能很难想象这是一种什么样的场景，所以接下来我们看一看 Monitor 类的示例代码。

```
1: // 监视器通过new Monitor(Mutex::safepoint, "Test Monitor");被初始化
2: Monitor* shop_monitor;
3: // 用来表示租赁商店的全局变量
4: RentalShop* rental_shop;
5:
6: class Client {
7:   Board* _snowboard;
8:
9:   // ...
10:}
```

第 2 行代码定义了一个全局变量 shop_monitor，它保存了指向 Monitor 实例的指针。第 4 行代码定义了一个表示租赁商店的全局变量 rental_shop。假设这些变量会在其他地方被其他函数初始化。

第 6 行代码定义了 Client 类。Client 类表示访问租赁商店的顾客，shop_monitor 表示租赁商店的监视器。Client 中有成员变量 _snowboard，里面存放着被借走的滑雪板。

接下来定义 Client 类中表示租赁滑雪板的成员函数 rent()。

```
1:   void rent() {
2:     // 加锁
3:     shop_monitor.lock();
4:     // 一直等到有滑雪板可租赁
5:     while (rental_shop.snowboards.empty()) {
6:       shop_monitor.wait();
7:     }
8:     // 租赁滑雪板
```

```
 9:      _snowboard = rental_shop.snowboards.pop();
10:      shop_monitor.unlock();
11:    }
```

第 3 行代码调用 shop_monitor.lock() 获取监视器的锁。如果监视器已经被加锁了，那么就要等待，直到可以获取监视器锁。第 5 行和第 6 行是在没有可用的滑雪板时解锁监视器并一直等待的代码。如果有别的顾客通知这个顾客，那么第 9 行代码会取出滑雪板，将其保存在 _snowboard 中。接着，第 10 行代码会解锁监视器。

接下来定义表示返还滑雪板的成员函数 return()。

```
1:   void return() {
2:     shop_monitor.lock();
3:     // 返还滑雪板
4:     rental_shop.snowboards.push(_snowboard);
5:     _snowboard = NULL;
6:     // 仅通知一位正在等待的顾客
7:     shop_monitor.notify();
8:     shop_monitor.unlock();
9:   }
```

这里与 rent() 一样，要先获取锁再返还滑雪板。然后，第 7 行代码会通知一位正在等待的顾客，第 8 行代码会解锁监视器。被通知的顾客（在 rent() 中等待的顾客）会锁定监视器并借走滑雪板。

13.6 Mutex 类

HotSpotVM 中也实现了表示互斥量的 Mutex 类。Mutex 类继承自 Monitor 类，可以几乎原封不动地使用 Monitor 类中的功能。

```
share/vm/runtime/mutex.hpp

262: class Mutex : public Monitor {
263:  public:
264:    Mutex (int rank, const char *name, bool allow_vm_block=false);
265:    ~Mutex () ;
266:  private:
267:    bool notify ()     { ShouldNotReachHere(); return false; }
268:    bool notify_all() { ShouldNotReachHere(); return false; }
269:    bool wait (bool no_safepoint_check,
```

```
                  long timeout,
                  bool as_suspend_equivalent) {
270:      ShouldNotReachHere() ;
271:      return false ;
272:    }
273: };
```

互斥量只要有加锁和解锁就足够了，因此第 267 行至第 272 行代码将 notify()、notify_all() 和 wait() 重新定义为无法被调用的状态了。

13.7 MutexLocker 类

MutexLocker 是一个有助于明确地定义加锁范围的类。

```
share/vm/runtime/mutexLocker.hpp

156: class MutexLocker: StackObj {
157:  private:
158:   Monitor * _mutex;
159:  public:
160:   MutexLocker(Monitor * mutex) {
163:     _mutex = mutex;
164:     _mutex->lock();
165:   }

175:   ~MutexLocker() {
176:     _mutex->unlock();
177:   }
178:
179: };
```

这个类所进行的处理就是在构造函数内锁定成员变量 _mutex，在析构函数内解锁 _mutex，仅此而已。

这个类的定义本身非常简单，如果使用该类，那么 13.5 节中介绍的 rent() 函数就可以像下面这样改写。

```
1:   void rent() {
2:     {
3:       MonitorLocker locker(shop_monitor);
4:       while (rental_shop.snowboards.empty()) {
5:         shop_monitor.wait();
6:       }
7:       _snowboard = rental_shop.snowboards.pop();
```

```
8:       }
9:   }
```

在通过第 3 行代码创建 MonitorLocker 类的实例时，该类的构造函数会锁定 shop_monitor。由于执行到第 8 行代码时，在栈内分配的 MonitorLocker 类的实例会被释放，所以该类的析构函数被调用，进而会解锁 shop_monitor。

如上所示，使用 MutexLocker 类后，需要进行锁定处理的范围就会更加明确。此外，MutexLocker 类还能避免离开作用域时（发生异常时等）忘记解锁监视器等常见错误。因此 HotSpotVM 内的代码中很多地方用到了 MutexLocker 类和加上了 Null 检查的 MutexLockerEx 类。

专栏

动画角色的 GC 分类

① 出自动画《天空之城》，穆斯卡的台词。——译者注

② 出自动画《北斗神拳》，主人公健次郎的台词。——译者注

14 GC 线程（并行篇）

本章将讲解使用多个在 HotSpotVM 中实现的线程并行地执行任务的框架，看一看并行 GC 是如何使用该框架的。

14.1 并行执行的流程

HotSpotVM 中实现了能够以多个线程并行执行某项任务的机制。这种机制主要由以下角色来完成。

- `AbstractWorkGang`：工人集合
- `AbstractGangTask`：让工人执行的任务
- `GangWorker`：执行指定任务的工人

下面，我们来看一看这些角色并行地执行任务的流程。

首先，如图 14.1 所示，`AbstractWorkGang` 只有一个监视器，它会让属于 `AbstractWorkGang` 的 `GangWorker` 在监视器的等候室中等待。

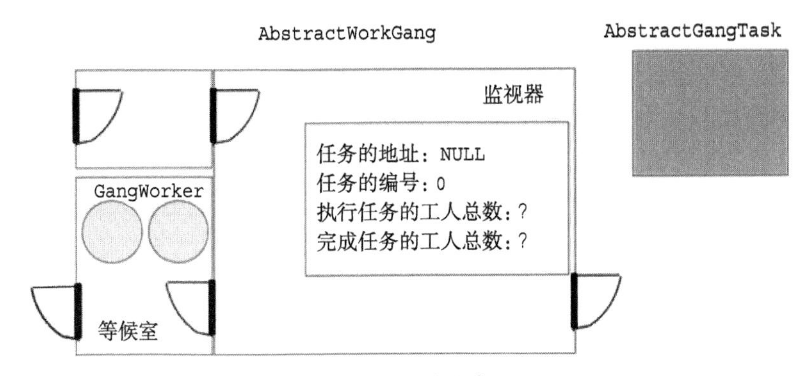

图 14.1　步骤①

AbstractWorkGang 只有一个监视器，它会让 GangWorker 在等候室中等待。

由监视器负责进行互斥处理的共享资源是任务信息的布告板。布告板上有以下信息。

- 任务的地址
- 任务的编号
- 执行任务的工人总数
- 完成任务的工人总数

接下来，客户会在布告板上写下希望并发执行的任务的信息（图 14.2）。

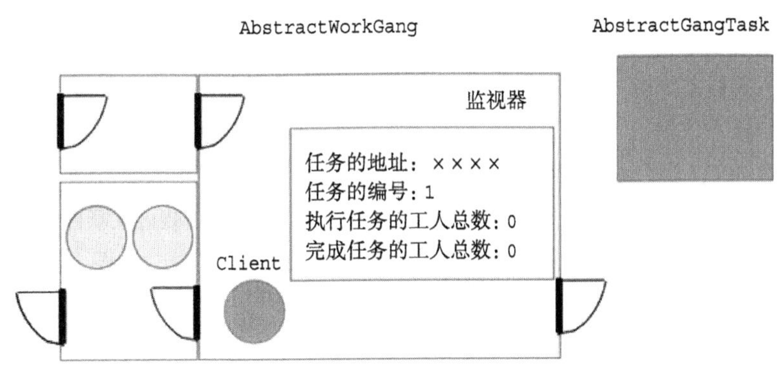

图 14.2　步骤②

客户获取监视器的锁并在布告板上写下任务信息。

客户带来的实际任务可以是继承自 AbstractGangTask 类的任何实例。客户会在布告板上写下该实例的地址作为任务的地址，而任务的编号则是上一次任务的编号加 1。在本例中，这个值是 1。执行任务的工人总数与完成任务的工人总数分别被初始化为 0。

接下来，客户会通知所有正在等待的工人，然后自己进入等候室（图 14.3）。

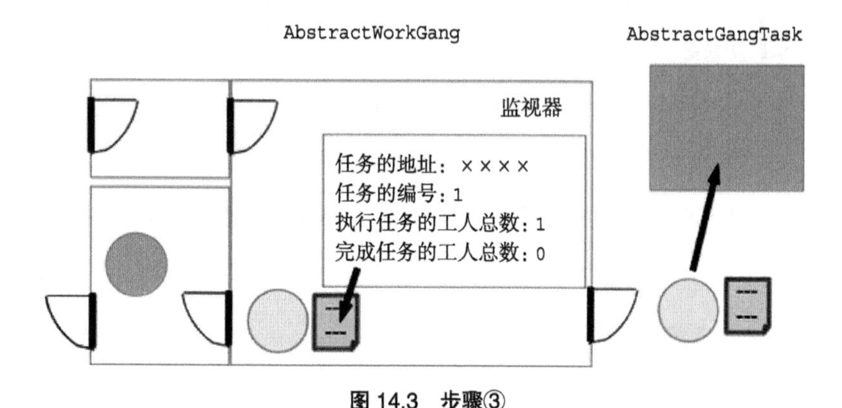

图 14.3　步骤③

工人们一个接一个地进入监视器，将布告板上的信息记在自己的笔记本上，然后离开监视器。

被通知到的工人们一个接一个地进入监视器，确认布告板上的信息。工人会记录自己上次执行过的任务编号，如果布告板上的编号与记录的编号相同，那么为了避免重复执行任务，他们会忽略这个任务并进入等候室等待。如果是新的任务编号，那么他们会在笔记本上记录下布告板上的信息（任务的地址和编号），并将布告板上执行任务的工人总数加 1，然后离开监视器去执行任务。

执行完任务后，工人会再次进入监视器。这时，为了告诉大家自己完成了一项任务，他会将布告板上“完成任务的工人总数”加 1（图 14.4）。

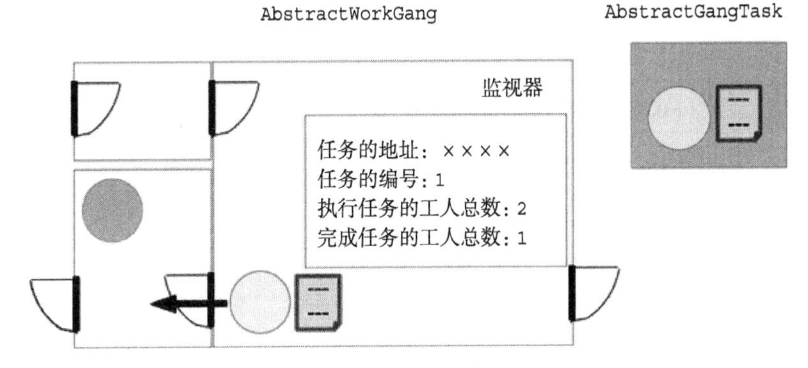

图 14.4　步骤④

在任务完成后，工人再次进入监视器，更新布告板上的信息并进入等候室等待。

接着，这个工人会将等候室中的所有人（包括客户）都叫出来，然后自己进入等候室。所有工人的任务都执行完成后，执行任务的工人总数应当与完成任务的工人总数相同。

客户进入监视器后会确认布告板上的信息，看看是否所有的任务都完成了（图 14.5）。

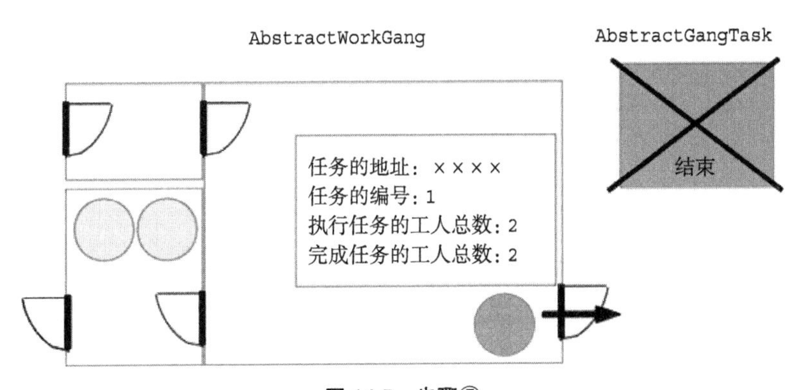

图 14.5　步骤⑤

客户进入监视器，在看到所有工人都执行完任务后退出监视器。

如果还有尚未完成的任务，那么客户就会在等候室里等待工人完成任务。所有任务都完成之后，客户才会满意地离开监视器。

以上就是并行执行的流程。

14.2 AbstractWorkGang 类

接下来我们详细地讲解一下并行执行流程中的出场角色。

AbstractWorkGang 类的继承关系如图 14.6 所示。

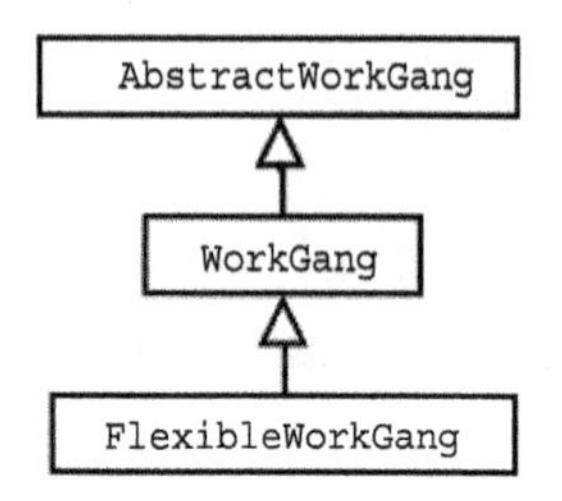

图 14.6 AbstractWorkGang 类的继承关系

AbstractWorkGang 类中定义了 WorkGang 所需的接口。

```
share/vm/utilities/workgroup.hpp

119: class AbstractWorkGang: public CHeapObj {

127:   virtual void run_task(AbstractGangTask* task) = 0;

139:   // 保护后来定义的数据
140:   // 或是通知变化的监视器
141:   Monitor*  _monitor;

146:   // 属于这个团体的工人的数组
148:   GangWorker** _gang_workers;
149:   // 分配给这个团体的任务
150:   AbstractGangTask* _task;
151:   // 当前任务的编号
152:   int _sequence_number;
153:   // 执行任务的工人总数
154:   int _started_workers;
155:   // 完成任务的工人总数
156:   int _finished_workers;
```

第 127 行代码定义的虚函数 run_task() 负责将任务交给 worker 并让它们执行任务。run_task() 的实体是在子类 WorkGang 类中定义的。

第 139 行至第 156 行代码定义了 WorkGang 所需的属性。这部分相当于 14.1 节中讲过的“任务信息的布告板”中的数据。

图 14.6 中展示的 FlexibleWorkGang 类能够在之后灵活（flexible）地改变可以执行任务的工人数量。并行 GC 会经常用到这个类。

14.3 AbstractGangTask 类

AbstractGangTask 类的继承关系如图 14.7 所示。

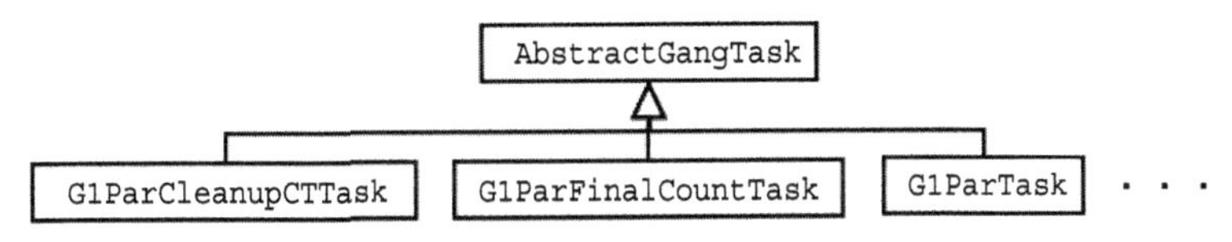

图 14.7 AbstractGangTask 类的继承关系

AbstractGangTask 类定义了并行执行任务所需的接口。

```
share/vm/utilities/workgroup.hpp

64: class AbstractGangTask VALUE_OBJ_CLASS_SPEC {
65: public:

68:   virtual void work(int i) = 0;
```

其中最重要的成员函数就是第 68 行代码所定义的 work()。work() 是负责执行任务的函数，它接收工人的编号作为参数。

任务的详细处理是在 G1ParTask 等子类的 work() 方法中定义的。客户将 AbstractGangTask 的子类的实例传递给 AbstractWorkGang，然后让他们并行执行任务。

14.4 GangWorker 类

GangWorker 类是负责实际执行任务的类，它的一个祖先类是 Thread 类（图 14.8）。

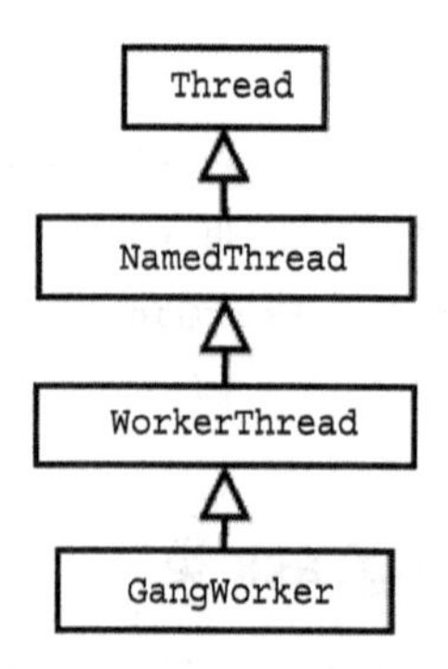

图 14.8 GangWorker 类的继承关系

由于一个 GangWoker 的实例对应一个线程，所以 GangWoker 也被称为工人线程。

```
share/vm/utilities/workgroup.hpp

264: class GangWorker: public WorkerThread {

278:   AbstractWorkGang* _gang;
```

GangWorker 类中定义有一个成员变量 _gang，其中存放着自身所属的 AbstractWorkGang。

14.5 并行 GC 的执行示例

下面，我们来一边阅读实际代码一边回顾 14.1 节中的内容。

代码清单 14.1 展示了作为客户的主线程执行并行 GC 的示例代码。

代码清单 14.1　并行 GC 的示例代码

```
1: /* ① 准备工人 */
2: workers = new FlexibleWorkGang("Parallel GC Threads", 8, true, false);
3: workers->initialize_workers();
4:
5: /* ② 创建任务 */
6: CMConcurrentMarkingTask marking_task(cm, cmt);
7:
8: /* ③ 并行执行任务 */
9: workers->run_task(&marking_task);
```

14.5.1 ①准备工人

首先，通过代码清单 14.1 的①中所示部分创建和初始化 FlexibleWorkGang 的实例，使之变为前面出现过的图 14.1 的状态。

创建和初始化 FlexibleWorkGang 的时序图如图 14.9 所示。

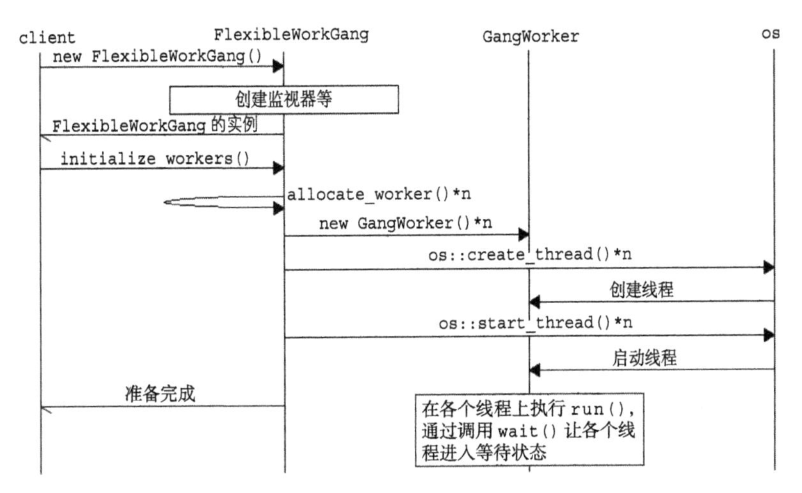

图 14.9 创建和初始化 WorkGang 的时序图

让我们从上往下看一看这个流程。首先是 AbstractWorkGang 的构造函数。

```
share/vm/utilities/workgroup.cpp

33: AbstractWorkGang::AbstractWorkGang(
                        const char* name,
34:                     bool  are_GC_task_threads,
35:                     bool  are_ConcurrentGC_threads) :
36:   _name(name),
37:   _are_GC_task_threads(are_GC_task_threads),
38:   _are_ConcurrentGC_threads(are_ConcurrentGC_threads) {


     _monitor = new Monitor(Mutex::leaf,
                            "WorkGroup monitor",
                            are_GC_task_threads);

48:   _terminate = false;
```

```
49:   _task = NULL;
50:   _sequence_number = 0;
51:   _started_workers = 0;
52:   _finished_workers = 0;
53: }
```

上面是初始化监视器和数据的代码，大家只看懂这一点即可。其他代码没有太多关系，可以忽略。

在创建出 AbstractWorkGang 类的实例后，要通过成员函数 initialize_workers() 初始化工人。

```
share/vm/utilities/workgroup.cpp

74: bool WorkGang::initialize_workers() {

81:   _gang_workers = NEW_C_HEAP_ARRAY(GangWorker*, total_workers());

92:   for (int worker = 0; worker < total_workers(); worker += 1) {
93:     GangWorker* new_worker = allocate_worker(worker);
95:     _gang_workers[worker] = new_worker;
96:     if (new_worker == NULL || !os::create_thread(
                                 new_worker, worker_type)) {
        /* 省略：错误处理 */
98:       return false;
99:     }
101:      os::start_thread(new_worker);
103:  }
104:  return true;
105: }
```

第 81 行代码用来按照客户希望的工人数量创建一个工人数组，第 92 行至第 103 行代码则用来创建工人。

第 93 行代码是调用 allocate_worker() 创建 GangWorker，而第 96 行代码和第 101 行代码分别是创建工人线程和让工人线程开始执行处理。

第 93 行代码中的 allocate_worker() 的源码如下。

```
share/vm/utilities/workgroup.cpp

64: GangWorker* WorkGang::allocate_worker(int which) {
65:   GangWorker* new_worker = new GangWorker(this, which);
66:   return new_worker;
67: }
```

allocate_worker() 函数以 this（自己所属的 AbstractWorkerGang）和工人的编号为参数创建 GangWorker 的实例。

initialize_workers() 是通过内部调用 os::start_thread() 来让线程开始执行处理。由于 GangWorker 继承自 Thread 类，所以 os::start_thread() 实际上会调用让线程开始执行处理的 run() 函数。让我们看一看 GangWorker 类的 run() 函数。

```
share/vm/utilities/workgroup.cpp

222: void GangWorker::run() {

224:   loop();
225: }
```

run() 函数调用了 loop() 函数。这里我们只看 loop() 函数中进入监视器等候室等待的部分。

```
share/vm/utilities/workgroup.cpp

241: void GangWorker::loop() {
243:   Monitor* gang_monitor = gang()->monitor();
247:     {

249:       MutexLocker ml(gang_monitor);

268:       for ( ; /* break or return */; ) {
             /*
              * 省略:检查是否有任务
              *      如果有，则通过break语句退出循环
              */

283:         // 解锁，进入等候室等待
284:         gang_monitor->wait(/* no_safepoint_check */ true);

             /* 省略:离开等候室后的处理 */
300:       }

302:     }

323: }
```

首先在第 243 行获取自己所属的 AbstractWorkGang 的监视器。在第 249 行给监视器加锁并进入监视器。然后，在第 268 行中的循环开始

处检查是否有任务。由于线程启动时多数情况下是没有任务的，所以这时基本上都会执行第 284 行代码调用 wait()。

14.5.2 ②创建任务

准备好工人后，接下来要创建让工人执行的任务。请参考代码清单 14.1 中②的部分。这里以继承自 AbstractGangTask 的 G1GC 标记任务 CMConcurrentMarkingTask 为例进行讲解。

```
share/vm/gc_implementation/g1/concurrentMark.cpp

1089: class CMConcurrentMarkingTask: public AbstractGangTask {
1090: private:
1091:   ConcurrentMark*       _cm;
1092:   ConcurrentMarkThread* _cmt;

1094: public:
1095:   void work(int worker_i) {

        /* 省略:标记处理 */

1153:   }

1155:   CMConcurrentMarkingTask(ConcurrentMark* cm,
1156:                           ConcurrentMarkThread* cmt) :
1157:     AbstractGangTask("Concurrent Mark"), _cm(cm), _cmt(cmt) { }
```

在第 1155 行至第 1157 行定义的 CMConcurrentMarkingTask 的构造函数接收用来执行 work() 的变量作为参数。由于 work() 的参数是确定的，所以任务类的实例必须将执行各个任务时所需的信息作为成员变量保存起来。

第 1095 行至第 1153 行代码是 CMConcurrentMarkingTask 要执行的任务的内容。创建出的各个 GangWorker 会调用这个 work() 方法。

14.5.3 ③ 并行执行任务

最后是将任务交给工人。

代码清单 14.1 中③的部分会调用 FlexibleWorkGang 的 run_task()。

```
share/vm/utilities/workgroup.cpp:run_task()的前半部分

129: void WorkGang::run_task(AbstractGangTask* task) {

132:   MutexLockerEx ml(monitor(), Mutex::_no_safepoint_check_flag);

139:   _task = task;
140:   _sequence_number += 1;
141:   _started_workers = 0;
142:   _finished_workers = 0;
```

以任务为参数的 `run_task()` 首先会通过第 132 行代码获取监视器的锁。然后，在第 139 行写好任务信息，在第 140 行至第 142 行更新其他信息。这一部分与图 14.2 相对应。

```
share/vm/utilities/workgroup.cpp:run_task()的后半部分

144:   monitor()->notify_all();

146:   while (finished_workers() < total_workers()) {

152:     monitor()->wait(/* no_safepoint_check */ true);
153:   }
154:   _task = NULL;

160: }
```

然后，在第 144 行通知在等候室中等待的工人。第 146 行至第 153 行的 `while` 循环的退出条件是“所有的工人都完成任务”。如果不满足条件，那么在第 152 行的客户会继续等待。这一部分与图 14.5 相对应。

各个工人在 GangWorker 的 `loop()` 函数中调用 `wait()`，等待被给予可以执行的任务。下面我们稍微详细地看一看 `loop()`。

```
share/vm/utilities/workgroup.cpp:loop()的前半部分

241: void GangWorker::loop() {
242:   int previous_sequence_number = 0;
243:   Monitor* gang_monitor = gang()->monitor();
244:   for ( ; /* 执行任务的循环 */; ) {
245:     WorkData data;
246:     int part;
247:     {
249:       MutexLocker ml(gang_monitor);
```

```
268:        for ( ; /* 获取任务的循环 */; ) {

276:          if ((data.task() != NULL) &&
277:              (data.sequence_number() != previous_sequence_number)) {
278:            gang()->internal_note_start();
279:            gang_monitor->notify_all();
280:            part = gang()->started_workers() - 1;
281:            break;
282:          }

284:          gang_monitor->wait(/* no_safepoint_check */ true);
285:          gang()->internal_worker_poll(&data);
300:        }

302:      }

308:      data.task()->work(part);
```

顾名思义，第 242 行的 `previous_sequence_number` 是用来记录上一个任务编号的局部变量。

从第 244 行开始的 `for` 循环每循环一次，工人就会执行一个任务。第 245 行代码中的 `WorkData` 是记录 `WorkerGang` 中任务信息（布告板信息）的局部变量。此外，第 246 行代码中的 `part` 是记录工人顺序的局部变量。这些局部变量都是在执行任务的循环的作用域（scope）中定义的，因此执行任务的循环每循环一次，它们就会被清空一次。

从第 268 行开始的 `for` 循环是从 `WorkerGang` 获取任务的循环。通常工人是在第 284 行处于等待状态，直到接收到 `notify_all()` 的通知才会开始工作。工人开始工作后，第 285 行代码中的 `internal_worker_poll()` 会将任务信息复制到局部变量中。在获取了这些信息后，第 276 行和第 277 行的条件分支代码会检查当前是否有应该执行的任务。如果有，则在第 278 行将自己已经启动的信息记录到 `GangWorker` 中，然后在第 279 行调用 `notify_all()`，将工人的顺序保存在 `part` 中并退出循环。请注意，这里在退出循环的同时还解除了监视器的锁。

然后，第 308 行以 `part` 为参数调用了任务的 `work()` 函数。这里会实际地执行任务。

到目前为止的这一部分与图 14.3 相对应。

```
share/vm/utilities/workgroup.cpp:loop()的后半部分

309:     {

314:       // 加锁
315:       MutexLocker ml(gang_monitor);
316:       gang()->internal_note_finish();
317:       // 告知任务已经完成
318:       gang_monitor->notify_all();

320:     }
321:     previous_sequence_number = data.sequence_number();
322:   }
323: }
```

任务完成后，工人会再次获取锁，并将任务完成的信息写入到 GangWorker 中。接下来，工人会调用 notify_all()，将完成的任务的编号复制到 previous_sequence_number 中，然后返回到 for 循环的开始处。这一部分与图 14.4 相对应。

到此，工人就完成了一个任务。当所有的工人都执行完任务后，客户会检查 GangWorker 中的信息，确认所有任务全部完成。这样 run_task() 函数的执行也就结束了。

实现篇

15 GC 线程（并发篇）

本章将简要地讲解并发 GC 中用到的线程，与大家一起来看一看 HotSpotVM 是如何控制线程，与 mutator 并发执行 GC 的。

15.1 ConcurrentGCThread 类

并发 GC 是用继承自 ConcurrentGCThread 类的子类实现的。ConcurrentGCThread 类的继承关系如图 15.1 所示。

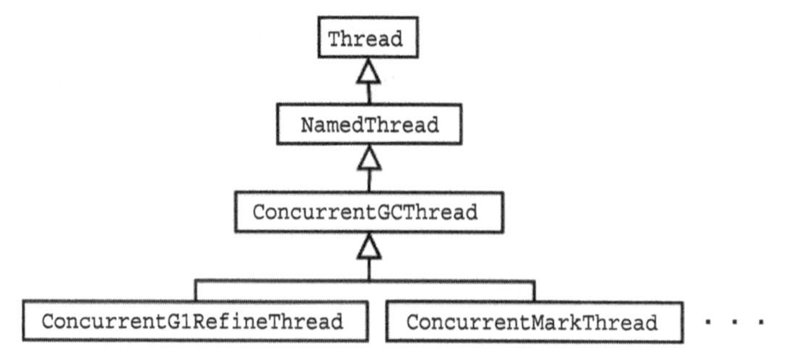

图 15.1 ConcurrentGCThread 类的继承关系

由于并发 GC 是指与 mutator 在不同线程中进行 GC，所以 ConcurrentGCThread 类继承自 Thread 类是理所当然的。

ConcurrentGCThread 中定义的 create_and_start() 成员函数会同时进行线程的创建和启动。由于所有继承自 ConcurrentGCThread 类的子类都会像下面这样在构造函数中调用 create_and_start()，所以每次它们的实例被创建出来时 GC 线程都会启动。

```
share/vm/gc_implementation/g1/concurrentMarkThread.cpp

41: ConcurrentMarkThread::ConcurrentMarkThread(ConcurrentMark* cm) :
42:   ConcurrentGCThread(),
43:   _cm(cm),
44:   _started(false),
45:   _in_progress(false),
46:   _vtime_accum(0.0),
47:   _vtime_mark_accum(0.0),
48:   _vtime_count_accum(0.0)
49: {
50:   create_and_start();
51: }
```

此外，各个子类中都实现了 run() 方法，其中定义了线程所要进行的处理。

15.2 SuspendibleThreadSet 类

并发 GC 线程群通过 SuspendibleThreadSet 类来控制暂停和启动。顾名思义，SuspendibleThreadSet 类管理的是“能够暂停的线程的集合”。

ConcurrentGCThread 类中有一个静态成员变量，其中存放的是 SuspendibleThreadSet 的实例。

```
share/vm/gc_implementation/shared/concurrentGCThread.hpp

78: class ConcurrentGCThread: public NamedThread {

       // 所有的实例共用这个静态成员变量
101:   static SuspendibleThreadSet _sts;
```

第 101 行代码中定义的 _sts 是继承自 ConcurrentGCThread 类的所有类的实例所共用的静态成员变量。

15.2.1 集合的操作

要想了解 SuspendibleThreadSet 类，需要先了解它里面主要的成员函数。首先，我们来看一看可以让线程加入或退出集合的成员函数。

- join()：将当前线程加入集合内
- leave()：让当前线程退出集合

在创建 SuspendibleThreadSet 阶段，集合内一个线程都没有。各个线程在想加入集合时调用 join()，在想退出集合时调用 leave()。

SuspendibleThreadSet 类中还定义了要求集合内所有线程暂停或恢复的成员函数。

- suspend_all()：要求集合内的所有线程暂停
- resume_all()：要求集合内的所有线程恢复

调用了 suspend_all() 的线程会进入等待状态，直到所有的线程全部暂停。此外，如果在等待所有线程暂停的过程中有线程试图调用 join() 加入集合，那么该线程也会进入等待状态。

在此之后调用 resume_all() 就可以让集合内的所有线程都重新启动，因调用 join() 而处于等待状态的线程也会脱离等待状态，被添加到集合内。

也就是说，从调用的 suspend_all() 执行完成到调用 resume_all() 之间，SuspendibleThreadSet 内的所有线程都处于暂停状态，不会有新的线程被添加到集合内。

15.2.2 线程暂停的时机

调用 suspend_all() 后，集合内的线程并非立即就变为暂停状态。各个线程会在自己认为适合的时机变为暂停状态。

SuspendibleThreadSet 中定义了以下两个用来暂停集合内各个线程的成员函数。

- should_yield()：集合是否接收到了暂停全部线程的请求
- yield()：如果整个集合都被要求暂停，那么暂停当前线程

各个线程要在自己负责的处理的间隙等方便暂停的时机定期调用

yield()，这是它们的义务。

15.2.3 从集合外调用 yield()

事实上，集合外的线程也可以调用 yield()（那集合还有什么意义……）。

集合外的线程调用 yield() 的处理流程与在集合内的处理流程相同。如果集合内部所有线程都被要求暂停，那么线程会暂停当前线程，在 resume_all() 后再启动。

15.2.4 使用示例

前面讲解的这些函数的使用示例如图 15.2 所示。

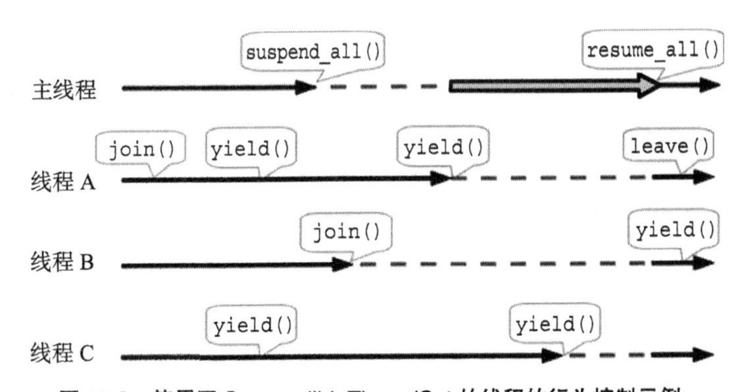

图 15.2 使用了 SuspendibleThreadSet 的线程的行为控制示例

灰色箭头上的处理会在 suspend_all() 成功后，且线程 A、B 没有运行的状态下执行。而集合外的线程 C 会在 suspend_all() 执行完成后调用 yield() 时暂停执行。

首先，主线程调用 suspend_all()，要求集合中的线程暂停执行。然后，在集合内的所有线程都暂停后，主线程开始执行处理，并在处理完成后调用 resume_all()。

线程 A 是唯一在 suspend_all() 被调用前就调用 join() 的线程。因此在 suspend_all() 被调用时集合内只有线程 A。线程 A 会定期调用 yield()，并且通过 suspend_all() 后的那次 yield() 调用来让自己暂停。

线程 B 在 suspend_all() 被调用后才调用 join()。由于此时线程集合已经接收到暂停所有线程的请求，所以调用了 join() 的线程 B 会暂停。

而线程 C 尽管是与集合无关的线程，但也会定期调用 yield()，然后通过 suspend_all() 被调用后的那次 yield() 调用来让自己暂停。请注意线程 C 会在一段非常短暂的时间内与主线程的灰色箭头的处理同时执行。suspend_all() 无法确保与集合无关的线程也会暂停执行。

总的说来，就是 SuspendibleThreadSet 提供了一种机制，可以在集合相关线程处于暂停的状态下进行某种处理。从图 15.2 就可以知道，在与集合相关的线程 A 和 B 暂停运行的状态下，主线程灰色箭头部分的处理才会执行。各个线程的暂停位置是由 join() 和 yield() 的调用时机决定的。因此，集合内的各个线程可以在自身处理的间隙等安全的位置暂停执行。

15.3 安全点

HotSpotVM 中存在一个谜一般的术语——安全点。虽然我们经常看到“系统整体的安全状态称为安全点”这种说法，但老实说，这个解释并不能让人理解到底什么是“安全状态”。实际上，安全状态与 GC 的根（root）密切相关。如果不了解 GC，就很难理解安全状态。因此很容易出现上面这种不好懂的解释。

15.3.1 什么是安全点

安全点是指在程序运行过程中可以毫无矛盾地枚举所有根的状态。根是在进行标记或复制等操作时追溯对象指针时的起点部分。因此，如果无法满足“毫无矛盾地枚举”和“枚举所有根”两个条件，就有可能漏掉存活对象。

要想毫无矛盾地枚举根，最简单的方法是禁止在枚举过程中改变根。就这一点而言，暂停 mutator 等会改变根的线程是最简单的方法。因此，HotSpotVM 中的安全点是暂停所有 Java 线程。

但并不是简单地暂停所有 Java 线程。在暂停线程之前，必须将属于自己的根放到 GC 能看见的位置。否则，GC 就无法找到所有的根。

JIT 编译器就是一个具体的例子。JIT 编译器在编译方法时会创建一个称为“栈图”（stack map）的东西。栈图表示栈和寄存器的哪个部分是指向对象的引用。于是，GC 就可以参考栈图来枚举根。由于维护创建出的栈图会消耗一些存储容量，所以 JIT 编译器只会在特定的时机生成栈图。因此，作为安全点，暂停线程的时机必须是维护栈图的时机。关于栈图，我们将在 13.1.9 节中详细讲解。

简单来说，安全点就是 mutator 的所有线程安全暂停的状态。这里所说的“安全暂停的状态”就是“可以安全地枚举根的状态”的意思。

15.3.2 并发 GC 的安全点

并不是只有 Java 线程才有根。例如在 3.8 节中列举的“并发标记处理中的对象”就是一个根的示例。此外，转移专用记忆集合维护线程也是与 mutator 并发执行的线程，转移专用记忆集合线程集合也会被当作根使用。也就是说，即使是这些并发 GC 线程，也需要先将根放在 GC 看得见的地方之后再暂停执行。

下面要出场的是 15.2 节中讲解过的内容。我们首先看一看用来开始安全点的 `SafepointSynchronize::begin()` 函数的一部分。

```
share/vm/runtime/safepoint.cpp

101: void SafepointSynchronize::begin() {

117:     ConcurrentGCThread::safepoint_synchronize();
```

从上面这段代码中我们可以看到第 117 行调用了 `ConcurrentGCThread` 的 `safepoint_synchronize()` 函数。

```
share/vm/gc_implementation/shared/concurrentGCThread.cpp

57: void ConcurrentGCThread::safepoint_synchronize() {
58:   _sts.suspend_all();
59: }
```

第 58 行代码中的 _sts 就是 SuspendibleThreadSet。这行代码调用了 suspend_all() 函数。

接下来，我们再来看一看结束安全点的 SafepointSynchronize::end() 函数的一部分。

```
share/vm/runtime/safepoint.cpp

397: void SafepointSynchronize::end() {

480:     ConcurrentGCThread::safepoint_desynchronize();
```

这次调用的是 safepoint_desynchronize() 函数。在 safepoint_desynchronize() 内部只需调用 SuspendibleThreadSet 的 resume_all()。

也就是说，安全点使用 SuspendibleThreadSet 来控制并发 GC 线程的行为。并发 GC 线程群在进入安全点后会在能够安全地枚举根的状态时调用 yield()，让自己暂停。

15.4 VM 线程

HotSpotVM 中有一个特殊的线程叫作 VM 线程。在整个 HotSpotVM 中只有一个 VM 线程在工作。它的作用是接收涉及整个 VM 的“VM 操作”请求，并执行这些请求。

15.4.1 什么是 VM 线程

VM 线程是用 VMThread 类定义的线程。VMThread 类的祖先类中当然也包括 Thread 类。当 Java 启动后，VM 线程会立即被创建出来并开始执行。

```
share/vm/runtime/vmThread.hpp

101: class VMThread: public NamedThread {

       // 执行VM操作
128:   static void execute(VM_Operation* op);
```

VM线程内部有一个接收VM操作的队列。其他线程以VM操作为参数调用第128行代码中的`execute()`静态成员函数，由此将VM操作添加到内部队列中。VM线程在检测到队列中新添加的VM操作后，就会执行VM操作的处理。

15.4.2 VM操作

典型的VM操作有获取栈跟踪、结束VM和获取VM堆的转储（dump）。与GC关系最紧密的操作，是必须要通过所谓的Stop-the-World机制来进行的暂停处理。在G1GC中，转移和并发标记的暂停处理都是作为VM操作交由VM线程执行的。此外，在Java中显式地执行完全GC时也是暂停处理，因此它也是作为VM操作由VM线程执行的。

几乎所有的VM操作都需要在安全点执行。因此在VM操作被执行时，VM线程一般会调用`SafepointSynchronize::begin()`来进入安全点状态。

15.4.3 VM_Operation类

`VM_Operation`类是用来定义VM操作接口的类。`VM_Operation`类的继承关系如图15.3所示。

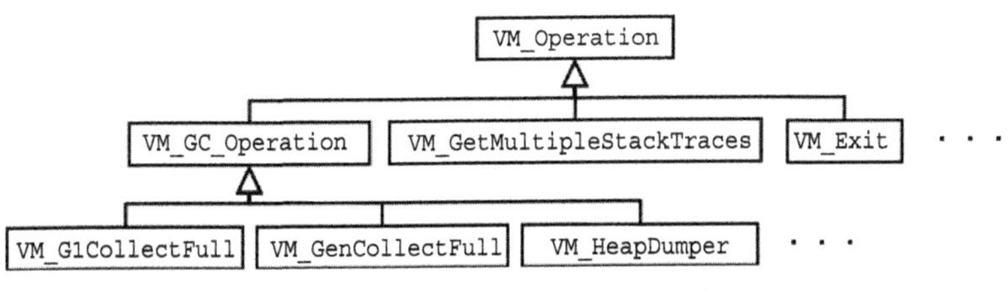

图15.3 VM_Operation类的继承关系

让我们看一下`VM_Operation`类的接口。

```
share/vm/runtime/vm_operations.hpp

98: class VM_Operation: public CHeapObj {
```

```
        // VM线程调用的方法
135:    void evaluate();

144:    virtual void doit()                        = 0;
145:    virtual bool doit_prologue()               { return true; };
146:    virtual void doit_epilogue()               {};
```

VM 线程会调用第 135 行代码中的 evaluate() 成员函数来执行被请求的操作。evaluate() 内部只会简单地调用第 144 行的 doit()。

第 144 行至第 146 行代码中定义了三个虚函数。doit() 是在 VM 线程上作为 VM 操作执行的函数。顾名思义，doit_prologue() 是在执行 doit() 之前进行准备工作的函数。doit_prologue() 会返回一个布尔类型的值，如果它返回 false，doit() 就不会执行。doit_epilogue() 是在 doit() 执行完毕后才被执行的函数。

继承自 VM_Operation 的类中会实现上面这三个虚函数，并在其中编写有 VM 操作的具体内容。

15.4.4 VM 操作的执行示例

下面我们来看一看 VM 操作的执行示例。这里以 G1GC 并发标记的初期标记阶段为例进行讲解。由于初期标记阶段会进行暂停处理，所以它会被当作 VM 操作执行。

```
share/vm/gc_implementation/g1/concurrentMarkThread.cpp

134:          CMCheckpointRootsInitialClosure init_cl(_cm);
135:          strcpy(verbose_str, "GC initial-mark");
136:          VM_CGC_Operation op(&init_cl, verbose_str);
137:          VMThread::execute(&op);
```

第 136 行代码会在栈上创建 VM_CGC_Operation，并将其传递给 execute()。另外，各个操作所需的数据会被传递给 VM 操作的构造函数。本例中传递的数据是 CMCheckpointRootsInitialClosure 以及一个字符串。

调用了 execute() 的线程会在 VM 操作完成之前一直阻塞。尽管有些 VM 操作不会被阻塞，但那是很少见的情况，因此本书就不讲解了。

16 并发标记

本章将讲解 G1GC 的并发标记是如何实现的。不过，如果只是再复述一遍算法篇中已经介绍过的实现部分就太无趣了，因此本章将省略那些内容，来讲解那些在算法篇中未曾触及的内容。

16.1 并发标记的全貌

首先我们来看一看并发标记的全貌。

16.1.1 执行步骤

这里，我们先回顾一下算法篇中的内容——并发标记的执行步骤。

并发标记过程大致可以分为以下 5 个步骤。

① 初始标记阶段
② 并发标记阶段
③ 最终标记阶段
④ 存活对象计数
⑤ 收尾工作

①是进行根扫描的步骤。这一步骤是在安全点上执行的。

②是对①中标记出来的对象进行扫描的步骤。这一步骤与 mutator 并发执行，而且在多个线程上并行执行。

③是对②中没有标记完的对象进行扫描的步骤。这一步骤也是在安全点上执行，而且在多个线程上并行执行。

④是计算各个区域中被标记的对象的字节数的步骤。这一步骤与 mutator 并发执行，而且在多个线程上并行执行。

⑤是对这次标记阶段进行收尾，并为下一次标记做准备的步骤。这一步骤也在安全点上执行，而且也在多个线程上并行执行。

并发标记以上面 5 个步骤为 1 个周期，在需要的时候执行。

16.1.2 ConcurrentMark 类

并发标记的各个处理是在 ConcurrentMark 类中实现的。下面我们简单地看一下这个类的定义。

```
share/vm/gc_implementation/g1/concurrentMark.hpp

359: class ConcurrentMark: public CHeapObj {

375:   ConcurrentMarkThread* _cmThread;
376:   G1CollectedHeap*      _g1h;
377:   size_t                _parallel_marking_threads;

392:   CMBitMap                _markBitMap1;
393:   CMBitMap                _markBitMap2;
394:   CMBitMapRO*             _prevMarkBitMap;
395:   CMBitMap*               _nextMarkBitMap;
```

第 375 行的 _cmThread 中存放着并发标记线程，第 376 行的 _g1h 中存放着用于 G1GC 的 VM 堆。

第 377 行的 _parallel_marking_threads 中存放的是在并行标记中要使用的线程数。

第 392 行和第 393 行会分配 VM 堆所对应的 BitMap 对象。对于 CMBitMap 类，我们将在 16.2.5 节进行详细讲解。

第 394 行的 _prevMarkBitMap 是指向 _markBitMap1 或 _markBitMap2 的指针，第 395 行的 _nextMarkBitMap 也是。不同的是 _prevMarkBitMap 指向的是 VM 堆整体的 prev 位图，而 _nextMarkBitMap 指向的是 next 位图。

16.1.3 ConcurrentMarkThread 类

并发标记线程实现于 ConcurrentMarkThread 类中。该类继承于 ConcurrentGCThread 类，它的实例被创建出来后线程会启动。

```
share/vm/gc_implementation/g1/concurrentMarkThread.hpp

36: class ConcurrentMarkThread: public ConcurrentGCThread {

49:   ConcurrentMark*                       _cm;
50:   volatile bool                         _started;
51:   volatile bool                         _in_progress;
```

从第 49 行代码中可以看到，ConcurrentMarkThread 有一个成员变量 _cm，其中存放的是指向 ConcurrentMark 类的指针。

第 50 行的 _started 是表示有没有开始执行并发标记请求的标志位。第 51 行的 _in_progress 是表示并发标记是否处于执行中的标志位。

16.1.4 开始执行并发标记

并发标记线程在启动后会立即调用 sleepBeforeNextCycle()。

```
share/vm/gc_implementation/g1/concurrentMarkThread.cpp

93: void ConcurrentMarkThread::run() {

103:   while (!_should_terminate) {

105:     sleepBeforeNextCycle();
```

顾名思义，sleepBeforeNextCycle() 是在下次执行周期开始之前都处于等待状态的成员函数。下面我们详细地看一看这个函数。

```
share/vm/gc_implementation/g1/concurrentMarkThread.cpp

329: void ConcurrentMarkThread::sleepBeforeNextCycle() {

334:   MutexLockerEx x(CGC_lock, Mutex::_no_safepoint_check_flag);
335:   while (!started()) {
336:     CGC_lock->wait(Mutex::_no_safepoint_check_flag);
337:   }
338:   set_in_progress();
```

```
339:   clear_started();
340: }
```

在第 334 行，并发标记线程会锁住 CGC_lock 这个全局的 mutator，然后在第 336 行进入等待状态。如果并发标记线程的等待状态被解开了，那么它会在第 338 行将 _in_progress 设置为 true，在第 339 行将 _started 设置为 false。

在想解除 sleepBeforeNextCycle() 内的等待状态，即想让并发标记线程执行下一轮处理时，必须将 _started 设置为 true，并对 CGC_lock 进行 notify()。负责进行这个处理的是 G1CollectedHeap 类的 doConcurrentMark() 函数。

```
share/vm/gc_implementation/g1/g1CollectedHeap.cpp

3047: void
3048: G1CollectedHeap::doConcurrentMark() {
3049:   MutexLockerEx x(CGC_lock, Mutex::_no_safepoint_check_flag);
3050:   if (!_cmThread->in_progress()) {
3051:     _cmThread->set_started();
3052:     CGC_lock->notify();
3053:   }
3054: }
```

第 3051 行代码会先将 _started 设置为 true，然后紧接着对 CGC_lock 进行 notify()。此外，第 3050 行的 if 语句确保了 set_started() 不会在并发标记执行过程中被调用。

如算法篇 5.8 节中所述，并发标记只会在转移完成后开始执行。

16.1.5 并发标记的周期

ConcurrentMarkThread 的 run() 函数的 while 循环中实现了一次并发标记周期。由于 run() 函数是一个超过 200 行代码的大函数，所以下面仅节选了在讲解并发标记周期时所需的代码。

```
share/vm/gc_implementation/g1/concurrentMarkThread.cpp

93: void ConcurrentMarkThread::run() {
```

```
103:   while (!_should_terminate) {

105:     sleepBeforeNextCycle();
106:     {

             /* ② 并发标记阶段 */
143:         if (!cm()->has_aborted()) {
144:           _cm->markFromRoots();
145:         }

             /* ③ 最终标记阶段 */
150:         if (!cm()->has_aborted()) {

165:           CMCheckpointRootsFinalClosure final_cl(_cm);
166:           sprintf(verbose_str, "GC remark");
167:           VM_CGC_Operation op(&final_cl, verbose_str);
168:           VMThread::execute(&op);
169:         }

           /* ④ 存活对象的计数 */
190:       if (!cm()->has_aborted()) {

198:         _sts.join();
199:         _cm->calcDesiredRegions();
200:         _sts.leave();

211:       }

           /* ⑤ 收尾工作*/
218:       if (!cm()->has_aborted()) {

226:         CMCleanUp cl_cl(_cm);
227:         sprintf(verbose_str, "GC cleanup");
228:         VM_CGC_Operation op(&cl_cl, verbose_str);
229:         VMThread::execute(&op);
230:       }

           /* 清理next bitmap */
287:       _sts.join();
288:       _cm->clearNextBitmap();
289:       _sts.leave();
290:     }

299:   }

302:   terminate();
303: }
```

上面的处理中没有步骤①的初始标记阶段。这是因为初始标记阶段实际上是与转移一起执行的处理。即使是在转移过程中，也不得不为了复制对象而进行根扫描。由于在并发标记中进行相同的处理也只是浪费，所以标记与转移的根扫描就一起执行了。

第143行至第145行代码是步骤②的并发标记阶段。第144行代码中的 `markFromRoots()` 是负责对初期标记阶段中标记出的对象进行扫描的成员函数。

第150行至第169行是步骤③的最终标记阶段。这一步使用VM操作执行处理。

第190行至第211行是步骤④的存活对象计数。从代码中可以看出这段处理使用了 `SuspendibleThreadSet`。

第218行至第230行是步骤⑤的收尾工作。这里也使用了VM操作，在内部交换 `prev` 位图和 `next` 位图。

第287行至第289行要做清理 `next` 位图的工作。这是在为下一次并发标记准备位图。

各个步骤的 `if` 语句中的 `has_aborted()` 会在并发标记想以某种理由中断时返回 `true`。并发标记变为aborted的理由一般是因为并发标记周期内发生了对象转移。由于转移后对象自身会移动，所以必须重新对位图进行标记。因此在发生中断时会跳过各个步骤，仅执行清理 `next` 位图的处理。

16.2 步骤①——初始标记阶段

初始标记阶段是对可以直接从根引用的对象进行标记的处理。上一节中已经提到过，该阶段会与转移的根扫描一起执行。第17章将讲解转移，因此这里只讲解与标记相关的部分。

16.2.1 根

HotSpotVM 中可以作为根的对象大致有以下几类。

- 各线程特有的信息（栈帧等）
- 内置类
- JNI处理器
- 从常驻内存空间到其他内存空间的引用
- 转移专用记忆集合
- 其他

初始标记阶段以上面这些为根进行处理。

16.2.2　根扫描的框架

HotSpotVM 在 SharedHeap 类中准备了用来进行根扫描的成员函数 process_strong_roots()。

```
share/vm/memory/sharedHeap.hpp

219:   void process_strong_roots(bool activate_scope,
220:                             bool collecting_perm_gen,
221:                             ScanningOption so,
222:                             OopClosure* roots,
223:                             CodeBlobClosure* code_roots,
224:                             OopsInGenClosure* perm_blk);
```

这个函数值得一提的作用有两个。

① 以 roots 为参数调用 do_oop() 函数（第 222 行）
② 以多线程执行时负责分割任务

我们先来看一看①。第 222 行的 OopClosure 类在迭代根时会被用到。

```
share/vm/memory/iterator.hpp

56: class OopClosure : public Closure {

61:   virtual void do_oop(oop* o) = 0;
```

该类中定义了一个 do_oop() 虚函数。这个函数被调用时的参数是 HotSpotVM 中的各种根。do_oop() 是在 OopClosure 类的子类中实现的。

下面我们来看一看它是如何在 process_strong_roots() 中被调用的。

```
share/vm/memory/sharedHeap.cpp

138: void SharedHeap::process_strong_roots(bool activate_scope,
                                          ...) {
148:     Universe::oops_do(roots);
149:     ReferenceProcessor::oops_do(roots);

155:     JNIHandles::oops_do(roots);

158:     Threads::possibly_parallel_oops_do(roots, code_roots);

163:     ObjectSynchronizer::oops_do(roots);

165:     FlatProfiler::oops_do(roots);

167:     Management::oops_do(roots);

169:     JvmtiExport::oops_do(roots);

         /* ... 以下省略 ... */
```

从上面的代码中可以看到，调用各个类的静态函数 oops_do() 时，会使用 roots 作为参数。在 oops_do() 内，会将各个类所管理的对象的引用转换为 oop 类型的参数，调用 OopClosure 的 do_oop() 方法。

图 16.1 是这部分处理的示意图。

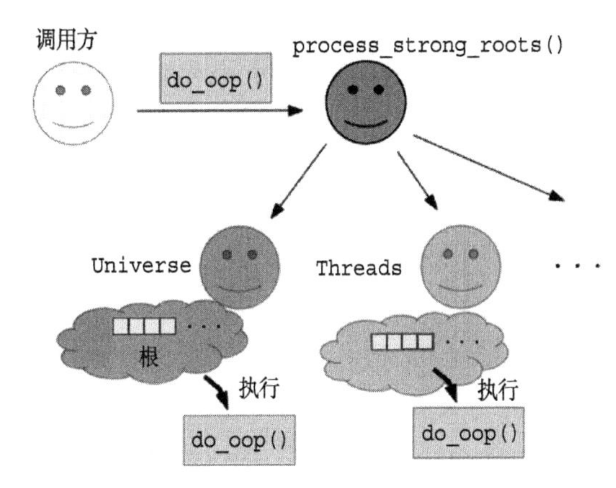

图 16.1 各个类对自己管理的根调用在 OopClosure 子类中实现的 do_oop()

只要像上面这样准备一套搜索根的框架，就可以根据 `OopClosure` 的子类的不同，让调用方定义对根进行怎样的扫描。

接下来讲解②的“以多线程执行时负责分割任务”。当以多线程并行执行时，`process_strong_roots()` 会将根扫描任务分割成适当的大小，通过让各个线程“先到先得”来提高并行执行时的性能。下面我们再次看一下 `process_strong_roots()` 的实现。

```
share/vm/memory/sharedHeap.cpp

138: void SharedHeap::process_strong_roots(bool activate_scope,
                                                   ...) {
147:   if (!_process_strong_tasks
           ->is_task_claimed(SH_PS_Universe_oops_do)) {
148:     Universe::oops_do(roots);
149:     ReferenceProcessor::oops_do(roots);
151:     perm_gen()->ref_processor()->weak_oops_do(roots);
152:   }
154:   if (!_process_strong_tasks
          ->is_task_claimed(SH_PS_JNIHandles_oops_do))
155:     JNIHandles::oops_do(roots);

162:   if (!_process_strong_tasks
           ->is_task_claimed(SH_PS_ObjectSynchronizer_oops_do))
163:     ObjectSynchronizer::oops_do(roots);
164:   if (!_process_strong_tasks
          ->is_task_claimed(SH_PS_FlatProfiler_oops_do))
165:     FlatProfiler::oops_do(roots);
```

```
166:   if (!_process_strong_tasks
           ->is_task_claimed(SH_PS_Management_oops_do))
167:     Management::oops_do(roots);
168:   if (!_process_strong_tasks
           ->is_task_claimed(SH_PS_jvmti_oops_do))
169:     JvmtiExport::oops_do(roots);

         /* ……其他的根扫描…… */

221:   _process_strong_tasks->all_tasks_completed();
222: }
```

从上面的代码中我们可以看到，每次调用 oops_do() 之前，process_strong_roots() 都会先调用 _process_strong_tasks 成员变量的 is_task_claimed()。_process_strong_tasks 是 SubTasksDone 类的实例。

这个 is_task_claimed() 的作用，是检查作为参数的标识符所对应的任务有没有被其他线程认领。如果已经被其他线程认领了，那么它会返回 true，该任务也不会被执行；如果没有被其他线程认领，则该任务属于当前调用的线程，所以返回 false。由于 is_task_claimed() 在内部使用了 CAS 命令，它的执行具有原子性，所以可以在多个线程上同时执行。

当并行地执行 process_strong_roots() 时，上面讲解的这种机制可以确保各个线程以先到先得的规则执行 if 语句中的任务。

16.2.3 G1GC 的根扫描

接下来看一看 G1GC 的根扫描。下面仅仅展示了与标记相关的代码。

```
share/vm/gc_implementation/g1/g1CollectedHeap.cpp

4589: class G1ParTask : public AbstractGangTask {

4620:   void work(int i) {

4643:     G1ParScanAndMarkExtRootClosure
            scan_mark_root_cl(_g1h, &pss);

4651:       scan_root_cl = &scan_mark_root_cl;
```

```
4659:     _g1h->g1_process_strong_roots(/* not collecting perm */
false,
4660:                                    SharedHeap::SO_AllClasses,
4661:                                    scan_root_cl,
4662:                                    &push_heap_rs_cl,
4663:                                    scan_perm_cl,
4664:                                    i);
```

根扫描是在 `G1ParTask` 的 `work()` 函数中执行的。从第 4589 行代码中可以看到 `G1ParTask` 继承自 14.3 节中讲解过的 `AbstractGangTask` 类。也就是说，这个 `work()` 函数是可以并行执行的。关于这一点我们会在第 17 章详细讲解。

第 4643 行代码创建了一个 `G1ParScanAndMarkExtRootClosure` 类的实例。该类是 `OopClosure` 类的子类。这个类的 `do_oop()` 函数会对接收到的根进行复制和标记处理。第 4659 行代码会将这个实例传递给 `g1_process_strong_roots()` 的参数。这个成员函数会在内部调用 `process_strong_roots()`。

```
share/vm/gc_implementation/g1/g1CollectedHeap.cpp

4696: void
4697: G1CollectedHeap::
4698: g1_process_strong_roots(bool collecting_perm_gen,
4699:                         SharedHeap::ScanningOption so,
4700:                         OopClosure* scan_non_heap_roots,
4701:                         OopsInHeapRegionClosure* scan_rs,
4702:                         OopsInGenClosure* scan_perm,
4703:                         int worker_i) {

4708:   BufferingOopClosure buf_scan_non_heap_roots(scan_non_heap_roots);

4716:   process_strong_roots(false,
4717:                        collecting_perm_gen, so,
4718:                        &buf_scan_non_heap_roots,
4719:                        &eager_scan_code_roots,
4720:                        &buf_scan_perm);

        /* G1GC特有的根扫描 */

4757:   _process_strong_tasks->all_tasks_completed();
4758: }
```

g1_process_strong_roots() 的主要作用是对包括 G1GC 特有的根在内的所有根进行根扫描。用于转移专用记忆集合以及并发标记的标记栈等就是典型的例子。

此外，第 4708 行代码还用 BufferingOopClosure 包装了 OopClosure。该类的 do_oop() 会将接收的参数 oop 暂时存储在缓冲区中，然后等缓冲区存满后一起处理这些参数。有了这个缓冲区，我们就可以分别测量"搜索根的时间"和"复制对象的时间"。G1GC 会在同时处理所有缓冲区内参数时测量一次时间，然后在复制对象（这时也会进行标记）时还会测量一次时间。这样就可以分别测量出"搜索根的时间"和实际的"复制对象的时间"，提供更精确的分析信息。

16.2.4 根扫描时的标记

根扫描中用到的 G1ParScanAndMarkExtRootClosure 类的 do_oop() 函数，最终会调用 ConcurrentMark 的 grayRoot() 成员函数。

```
share/vm/gc_implementation/g1/concurrentMark.cpp

1005: void ConcurrentMark::grayRoot(oop p) {
1006:   HeapWord* addr = (HeapWord*) p;

1015:   if (!_nextMarkBitMap->isMarked(addr))
1016:     _nextMarkBitMap->parMark(addr);
1017: }
```

grayRoot() 的参数 p 所接收的值是复制目标的地址。第 1015 行代码会检查有没有打上标记，第 1016 行代码会标记 next 位图。

对所有的根都调用上面的 grayRoot() 后，初始标记阶段就结束了。

16.2.5 位图的并行化方法

CMBitMap 是表示 next 位图的类。这个类会在构造函数中创建 BitMap 类的实例并将其保存在成员变量 _bm 中。这个 _bm 才是位图的实体，CMBitMap 不过是对 _bm 的代理而已。

```
share/vm/gc_implementation/g1/concurrentMark.hpp

123: class CMBitMap : public CMBitMapRO {

131:   void mark(HeapWord* addr) {
134:     _bm.at_put(heapWordToOffset(addr), true);
135:   }
136:   void clear(HeapWord* addr) {
139:     _bm.at_put(heapWordToOffset(addr), false);
140:   }
141:   bool parMark(HeapWord* addr) {
144:     return _bm.par_at_put(heapWordToOffset(addr), true);
145:   }
146:   bool parClear(HeapWord* addr) {
149:     return _bm.par_at_put(heapWordToOffset(addr), false);
150:   }
```

CMBitMap 继承自 CMBitMapRO。CMBitMapRO 中的 RO 是 ReadOnly 的缩写，它是一个无法标记和清除标记的类。而继承自 CMBitMapRO 的 CMBitMap 扩展了它的功能，可以标记和清除标记。

CMBitMap 有两种标记方法：并行化和非并行化。第 131 行至第 140 行代码中定义的 mark()、clear() 是非并行化的函数，而第 141 行往后的代码中定义的 parMark()、parClear() 是并行化的函数。初始标记阶段中有并行执行处理，因此使用的是 parMark()。

在第 144 行和第 149 行调用的 BitMap 的 par_at_put() 是 parMark() 和 parClear ( ) 中处理的实体，我们来看一看这个函数的定义。

```
share/vm/utilities/bitMap.cpp

260: bool BitMap::par_at_put(idx_t bit, bool value) {
261:   return value ? par_set_bit(bit) : par_clear_bit(bit);
262: }

53: inline bool BitMap::par_set_bit(idx_t bit) {
55:   volatile idx_t* const addr = word_addr(bit);
56:   const idx_t mask = bit_mask(bit);
57:   idx_t old_val = *addr;
58:
59:   do {
60:     const idx_t new_val = old_val | mask;
61:     if (new_val == old_val) {
```

```
62:         return false;
63:       }
64:       const idx_t cur_val = (idx_t) Atomic::cmpxchg_ptr(
                                                     (void*) new_val,
65:                                                  (volatile void*) addr,
66:                                                  (void*) old_val);
67:       if (cur_val == old_val) {
68:         return true;
69:       }
70:       old_val = cur_val;
71:     } while (true);
72: }
```

par_at_put() 会在内部调用 par_set_bit() 或 par_clear_bit()。这两者的处理非常相似，因此这里只看一下 par_set_bit() 即可。

在第 53 行接收到的 bit 参数是要标记的对象的地址。在第 55 行获取的地址（addr）指向 1 个字的内存空间，该空间拥有对应于地址的位。在第 56 行创建 1 个字的位掩码（mask），在这个位掩码中只有目标位的值为 1。在第 57 行将 addr 所指向的 1 个字保存在局部变量中。

在第 60 行创建一个目标位的值为 1 的新值（new_val），并在第 64 行执行 CAS 命令。cmpxchg_ptr() 将 *addr 的值与 old_val 进行比较，如果相等则将 new_val 写到 *addr 中，如果不相等则什么都不做。cmpxchg_ptr() 的返回值是 *addr 被改变前的值，因此像第 67 行那样，与 old_val 进行比较就可以判断写值是否成功。如果 cur_val 和 old_val 的值相等，则表示写值成功，par_set_bit() 会返回 true。如果不相等，则表示其他线程修改了 *addr 的值，第 70 行代码会将 old_val 的值更新为最新的值，然后进行循环处理。

为了防止数据不匹配，par_at_put() 会像上面这样使用 CAS 命令修改位的值，实现允许多线程同时进行标记的功能。

16.3 步骤②——并发标记阶段

步骤②将初始标记阶段标记的对象与 mutator 并发进行扫描。在 ConcurrentMarkThread 的 run() 函数中，从调用 markFromRoots() 开始就进入并发标记阶段了。

```
share/vm/gc_implementation/g1/concurrentMarkThread.cpp（再次贴出）

93: void ConcurrentMarkThread::run() {

              /* ②并发标记阶段 */
143:          if (!cm()->has_aborted()) {
144:            _cm->markFromRoots();
145:          }
```

```
share/vm/gc_implementation/g1/concurrentMark.cpp

1162: void ConcurrentMark::markFromRoots() {

1176:   CMConcurrentMarkingTask markingTask(this, cmThread());
1177:   if (parallel_marking_threads() > 0)
1178:     _parallel_workers->run_task(&markingTask);
1179:   else
1180:     markingTask.work(0);

1182: }
```

从第1162行代码开始，`ConcurrentMark`的`markFromRoots()`会创建`CMConcurrentMarkingTask`，并在第1178行代码中让并发标记线程并发执行这个任务。如果并发标记中使用的线程数量为`0`，则不进行并发处理。不过不管怎样，这个任务都是在并发标记线程中执行的，因此它会与mutator并发执行。

```
share/vm/gc_implementation/g1/concurrentMark.cpp

1089: class CMConcurrentMarkingTask: public AbstractGangTask {

1095:   void work(int worker_i) {

1105:     CMTask* the_task = _cm->task(worker_i);

1113:         the_task->do_marking_step(
                          mark_step_duration_ms,
1114:                     true /* do_stealing    */,
1115:                     true /* do_termination */);

1153:   }
```

在任务类的`work()`中，第1105行代码会将`ConcurrentMark`中按照线程数量事先准备好的任务`CMTask`取一个出来，然后调用`do_` marking_step()。

do_marking_step()会对算法篇2.5.1节讲解的SATB队列集合和在初始标记阶段标记出的对象进行扫描。扫描处理不仅无趣而且非常复杂，因此本书省略这部分的讲解。只要理解了算法篇中有关扫描的知识，就不会有什么问题。

专栏

工作窃取

在并发标记阶段，需要使用多个线程来完成扫描对象这项任务。这里需要注意的是工作量的问题。如果分给线程A的工作量过多，那么线程B就必须等待线程A执行完成。此时不能给线程B新的任务，只能让它干等。这太浪费了，我们不能让计算机偷懒。

也许有读者会想，只要事先给这些线程分配相同工作量的任务不就可以了吗？但这在多数情况下是不可行的。因为精确地测量任务量非常消耗性能。就本例来说，扫描对象这项任务的工作量取决于对象引用关系的深度。而调查对象的引用关系会消耗很多性能。

因此，这里的并发标记阶段会使用工作窃取（work stealing）算法来平衡多个线程的工作量。在使用工作窃取后，线程B在完成自己的任务后不会无谓地等待线程A，而会尝试窃取线程A的工作。

HotSpotVM中有一个可以轻松使用工作窃取算法的工具类库。工作窃取算法主要被用于并发标记中。这种算法非常有趣，感兴趣的读者可以深入研究一下。

16.4 步骤③——最终标记阶段

步骤③会暂停mutator，对没有标记完的对象进行扫描。在ConcurrentMarkThread的run()函数中使用VM_CGC_Operation后就进入最终标记阶段了。

share/vm/gc_implementation/g1/concurrentMarkThread.cpp（再次贴出）

```
        /* ③最终标记阶段 */
150:    if (!cm()->has_aborted()) {

165:      CMCheckpointRootsFinalClosure final_cl(_cm);
166:      sprintf(verbose_str, "GC remark");
167:      VM_CGC_Operation op(&final_cl, verbose_str);
168:      VMThread::execute(&op);
169:    }
```

VM_CGC_Operation 的定义如下所示。

```
share/vm/gc_implementation/g1/vm_operations_g1.hpp

98:  class VM_CGC_Operation: public VM_Operation {
99:    VoidClosure* _cl;
100:   const char* _printGCMessage;

105:   virtual void doit();

111: };
```

VM_CGC_Operation 继承自 VM_Operation，它的构造函数会获取 VoidClosure 等。

```
share/vm/gc_implementation/g1/vm_operations_g1.cpp

156: void VM_CGC_Operation::doit() {

164:     _cl->do_void();

168: }
```

作为 VM 操作的核心部分，doit() 只会调用 _cl 的 do_void()。doit() 在执行时已经处于安全点状态，mutator 不会工作。

```
share/vm/gc_implementation/g1/concurrentMarkThread.cpp

66: class CMCheckpointRootsFinalClosure: public VoidClosure {
68:   ConcurrentMark* _cm;
69: public:
70:
71:   CMCheckpointRootsFinalClosure(ConcurrentMark* cm) :
72:     _cm(cm) {}
73:
74:   void do_void(){
```

```
75:      _cm->checkpointRootsFinal(false);
76:    }
77: };
```

CMCheckpointRootsFinalClosure 类的 do_void() 只会调用 ConcurrentMark 的 checkpointRootsFinal()。

这个 checkpointRootsFinal() 内部会以多线程并行地扫描在并发标记阶段没有扫描到的对象。关于这一点，只需要理解算法篇 2.6 节中的内容就可以了。

16.5 步骤④——存活对象计数

步骤④会检查 next 位图，然后计算各个区域存活对象的字节数。

share/vm/gc_implementation/g1/concurrentMarkThread.cpp（再次贴出）

```
           /* ④存活对象计数 */
190:       if (!cm()->has_aborted()) {

198:         _sts.join();
199:         _cm->calcDesiredRegions();
200:         _sts.leave();

211:       }
```

第 199 行代码中的 calcDesiredRegions() 就是对存活对象进行计数的成员函数。由于第 198 行代码调用了 SuspendableThreadSet 的 join()，因此不会发生在安全点上对存活对象计数的情况。

calcDesiredRegions() 在检查各个区域的 next 位图，计算出带标记的对象的大小总和后，会将这个值保存在 HeapRegion 的 _next_marked_bytes 成员变量中。当对所有的区域都计数完成后，第 200 行代码会调用 leave()，然后进入下一阶段。

16.6 步骤⑤——收尾工作

最后的步骤⑤是对这次并发标记进行收尾，为下次并发标记做准备。

```
share/vm/gc_implementation/g1/concurrentMarkThread.cpp（再次贴出）

218:        if (!cm()->has_aborted()) {

226:          CMCleanUp cl_cl(_cm);
227:          sprintf(verbose_str, "GC cleanup");
228:          VM_CGC_Operation op(&cl_cl, verbose_str);
229:          VMThread::execute(&op);
230:        }

            /* ⑤清理next位图 */
287:        _sts.join();
288:        _cm->clearNextBitmap();
289:        _sts.leave();
```

并发标记线程会在第 226 行至第 229 行使用 `VM_CGC_Operation` 在安全点进行收尾工作。`VM_CGC_OPERATION` 内部会调用 `CMCleanUp` 的 `do_void()`。

```
share/vm/gc_implementation/g1/concurrentMarkThread.cpp

79: class CMCleanUp: public VoidClosure {
80:   ConcurrentMark* _cm;
81: public:
82:
83:   CMCleanUp(ConcurrentMark* cm) :
84:     _cm(cm) {}
85:
86:   void do_void(){
87:     _cm->cleanup();
88:   }
89: };
```

`do_void()` 会调用 `ConcurrentMark` 的 `cleanup()`。其中会交换各个区域的 `next` 位图和 `prev` 位图，或者初始化在并发标记中会用到的变量。

之后，并发标记线程会调用 `clearNextBitmap()` 来清空各个区域的 `next` 位图。由于在调用 `clearNextBitmap()` 前并发标记线程会先调用 `SuspendableThreadSet` 的 `join()` 函数，因此在安全点中并发标记线程一定会暂停。

实现篇

17 转移

本章将讲解 G1GC 中的转移是如何实现的。此外，本章同样会省略在算法篇中已经介绍过的内容。

17.1 转移的全貌

首先来看一看转移的全貌。

17.1.1 执行步骤

转移过程大致分为以下 3 个步骤。

① 选择回收集合
② 根转移
③ 转移

步骤①是选择转移对象的区域，即根据并发标记阶段获取的信息选择回收集合。

步骤②是将回收集合内由根直接引用的对象，和被其他区域引用的对象都转移到空区域。

步骤③是以②中转移的对象为起点，转移它们的子对象。当这一步骤结束后，回收集合内的存活对象就全部转移完毕了。

此外，转移一定是在安全点上执行的。因此，所有的 mutator 在转移过程中都处于暂停的状态。

17.1.2 转移执行的时机

如算法篇 5.8 节介绍的那样，当新生代区域数达到上限时，转移就会被执行。在对象的分配过程中，VM 会将对象分配在新生代区域中。当新生代区域数达到上限时，VM 就会执行转移。

下面我们来看一看实际的代码。10.4.2 节曾经稍微讲解过 attempt_allocation_slow() 成员函数，其中就调用了转移。

```
share/vm/gc_implementation/g1/g1CollectedHeap.cpp

886: HeapWord* G1CollectedHeap::attempt_allocation_slow(
                              size_t word_size,
887:                          unsigned int *gc_count_before_ret) {

906:     {
907:       MutexLockerEx x(Heap_lock);

           /* 省略：空区域的获取和对象的分配 */

           /* 成功后return */
911:       if (result != NULL) {
912:         return result;
913:       }

933:     }

937:       result = do_collection_pause(
                    word_size, gc_count_before, &succeeded);
```

第 906 行至第 933 行代码会尝试分配一个新的空区域。如果新生代区域的数量达到了上限，那么新生代区域的分配就会因无法获取空区域而失败，这时第 937 行代码会调用 do_collection_pause()。

do_collection_pause() 会像下面这样执行 VM 操作。

```
share/vm/gc_implementation/g1/g1CollectedHeap.cpp

3025: HeapWord* G1CollectedHeap::do_collection_pause(
                                       size_t word_size,
3026:                                  unsigned int gc_count_before,
3027:                                  bool* succeeded) {

3030:   VM_G1IncCollectionPause op(
                                 gc_count_before,
```

```
3031:                           word_size,
3032:                           false,
3033:                           g1_policy()->max_pause_time_ms(),
3034:                           GCCause::_g1_inc_collection_pause);
3035:   VMThread::execute(&op);
3036:
3037:   HeapWord* result = op.result();

3044:   return result;
3045: }
```

接着，VM_G1IncCollectionPause 的 doit() 中会执行转移。

```
share/vm/gc_implementation/g1/vm_operations_g1.cpp

72: void VM_G1IncCollectionPause::doit() {
73:   G1CollectedHeap* g1h = G1CollectedHeap::heap();

104:   _pause_succeeded =
105:     g1h->do_collection_pause_at_safepoint(_target_pause_time_ms);
106:   if (_pause_succeeded && _word_size > 0) {

         /* 省略：往新分配的空区域中分配内存 */

112:   }
113: }
```

第 105 行的 do_collection_pause_at_safepoint() 中会执行转移。如果转移成功了，那么内存将被分配到转移后腾出的空间中，VM 操作随之结束。

17.1.3 do_collection_pause_at_safepoint()

下面提取出了讲解 do_collection_pause_at_safepoint() 代码时所需的部分。

```
share/vm/gc_implementation/g1/g1CollectedHeap.cpp

3188: bool
3189: G1CollectedHeap::do_collection_pause_at_safepoint(
        double target_pause_time_ms) {

          /* ①选择回收集合 */
3336:     g1_policy()->choose_collection_set(target_pause_time_ms);
```

```
        /* ②、③转移 */
3362:       evacuate_collection_set();

3494:   return true;
3495: }
```

do_collection_pause_at_safepoint() 接收 GC 的暂停时间上限作为参数。第 3336 行代码中的成员函数 choose_collection_set() 用于选择回收集合。该函数会选择那些暂停时间不会超过通过参数接收到的暂停时间上限的回收集合。

第 3362 行的 evacuate_collection_set() 是转移选中的回收集合内存货对象的成员函数。

17.1.4　转移专用记忆集合维护线程

在算法篇 3.4 节我们介绍过的转移专用记忆集合维护线程，是在 ConcurrentG1RefineThread 类中实现的。

ConcurrentG1RefineThread 类的实例是在 ConcurrentG1Refine 类的构造函数中被创建出来的。

```
share/vm/gc_implementation/g1/concurrentG1Refine.cpp

48: ConcurrentG1Refine::ConcurrentG1Refine() :
60: {

77:   _n_worker_threads = thread_num();
79:   _n_threads = _n_worker_threads + 1;
80:   reset_threshold_step();
81:
82:   _threads = NEW_C_HEAP_ARRAY(
                ConcurrentG1RefineThread*, _n_threads);
83:   int worker_id_offset = (int)DirtyCardQueueSet::num_par_ids();
84:   ConcurrentG1RefineThread *next = NULL;
85:   for (int i = _n_threads - 1; i >= 0; i--) {
86:     ConcurrentG1RefineThread* t =
          new ConcurrentG1RefineThread(this, next,
                                       worker_id_offset, i);
89:     _threads[i] = t;
90:     next = t;
91:   }
92: }
```

请看第 77 行代码。这行中的 thread_num() 函数会决定要创建的 ConcurrentG1RefineThread 的实例数量。程序员可以通过在 JVM 的启动选项中指定 G1ConcRefineThreads 的值来改变这个 thread_num() 的值。

ConcurrentG1RefineThread 类会在实例被创建出来后立即创建和启动线程。在通过第 86 行代码创建出实例的同时，转移专用记忆集合维护线程开始工作。

ConcurrentG1Refine 的构造函数是由 G1CollectedHeap 的 initialize() 函数调用的。

```
share/vm/gc_implementation/g1/g1CollectedHeap.cpp

1794: jint G1CollectedHeap::initialize() {

1816:   _cg1r = new ConcurrentG1Refine();
```

也就是说，在创建 VM 堆时，转移专用记忆集合维护线程也已经开始工作了。

17.2 步骤①——选择回收集合

我们先看一看步骤①。选择回收集合是在 G1CollectorPolicy_BestRegionFirst 类的 choose_collection_set() 函数中实现的。

选择回收集合时所用到的“计算预测时间”都是算法篇 4.2 节中已经介绍过的内容，因此本节中将省略这部分的讲解。

17.2.1 选择新生代区域

如算法篇 5.1 节中所介绍的那样，所有的新生代区域都会被选到回收集合中。

```
share/vm/gc_implementation/g1/
g1CollectorPolicy.cpp:choose_collection_set()的前半部分

2853: void
2854: G1CollectorPolicy_BestRegionsFirst::choose_collection_set(
2855:                              double target_pause_time_ms) {
```

```
2866:    double base_time_ms =
           predict_base_elapsed_time_ms(_pending_cards);
2867:    double predicted_pause_time_ms = base_time_ms;
2869:    double time_remaining_ms =
           target_pause_time_ms - base_time_ms;

2897:    if (in_young_gc_mode()) {

           /* 将新生代区域添加到回收集合中 */
2932:      _collection_set = _inc_cset_head;
2933:      _collection_set_size = _inc_cset_size;
2934:      _collection_set_bytes_used_before =
                 _inc_cset_bytes_used_before;

2940:      time_remaining_ms -=
             _inc_cset_predicted_elapsed_time_ms;
2941:      predicted_pause_time_ms +=
             _inc_cset_predicted_elapsed_time_ms;

2974:    }
```

第 2866 行的 predict_base_elapsed_time_ms() 函数会预测除转移区域处理以外的其他处理的暂停时间。它在内部记录了过去的预测暂停时间以及实际暂停时间，这样反复执行该函数可以提高预测时间的精确度。第 2867 行的 predicted_pause_time_ms 是存放预测暂停时间的局部变量，第 2869 行的 time_remaining_ms 是剩余的可能暂停时间。

第 2897 行的 in_young_gc_mode() 会返回表示 G1GC 是否按分代方式进行 GC 的标志位。由于 G1GC 一定会按分代方式进行 G1GC，所以 in_young_gc_mode() 总是返回 true。

第 2932 行至第 2934 行代码会将新生代区域添加到回收集合中。_collection_set 成员变量表示回收集合。

第 2940 行至第 2941 行代码会使用事先计算好的预测暂停时间来计算 predicted_pause_time_ms 和 time_remaining_ms。如算法篇 5.6 节中所说，此函数会根据过去的执行记录计算预测暂停时间。

17.2.2 选择老年代区域

部分新生代 GC 会将老年代区域也添加到回收集合中。

```
share/vm/gc_implementation/g1/
g1CollectorPolicy.cpp:choose_collection_set()的后半部分

2976:   if (!in_young_gc_mode() || !full_young_gcs()) {

2981:     do {
2982:       hr = _collectionSetChooser->getNextMarkedRegion(
                                            time_remaining_ms,
2983:                                       avg_prediction);
2984:       if (hr != NULL) {
2985:         double predicted_time_ms =
                predict_region_elapsed_time_ms(hr, false);
2986:         time_remaining_ms -= predicted_time_ms;
2987:         predicted_pause_time_ms += predicted_time_ms;
2988:         add_to_collection_set(hr);

             /* 省略:should_continue的值的设置 */
2997:       }
3002:     } while (should_continue);

3007:   }

3019: }
```

第 2976 行的 `full_young_gc()` 函数会返回一个表示是否为完全新生代 GC 的标志位。如果返回值为 `false`，就表示当前处于部分新生代 GC 模式。

在第 2982 行获取在剩余暂停时间内能够添加的区域。如果没有能够添加的区域，则返回 `NULL`。

如果存在能够添加的区域，第 2985 行的 `predict_region_elapsed_time_ms()` 会计算出预测暂停时间，然后第 2988 行代码会将这些区域添加到回收集合中。如果最终 `time_remaining_ms()` 变为负数，则将 `should_continue` 设置为 `false`，退出 `while` 循环。

17.3 步骤②——根转移

根转移是指将可以从根直接引用的回收集合内的对象转移到其他空区域。

17.3.1 evacuate_collection_set()

正如 17.1.3 节中介绍的那样，转移是在 evacuate_collection_set() 函数中执行的。

```
share/vm/gc_implementation/g1/g1CollectedHeap.cpp

4785: void G1CollectedHeap::evacuate_collection_set() {

4792:   int n_workers = (ParallelGCThreads > 0 ? workers()
                         ->total_workers() : 1);
4793:   set_par_threads(n_workers);
4794:   G1ParTask g1_par_task(this, n_workers, _task_queues);

4802:   if (G1CollectedHeap::use_parallel_gc_threads()) {
4806:     workers()->run_task(&g1_par_task);
4807:   } else {
4809:     g1_par_task.work(0);
4810:   }
```

evacuate_collection_set() 会创建并执行（可能的话会并行执行）16.2.3 节中出现过的 G1ParTask。

G1ParTask 会如前所述，调用 process_strong_roots() 对所有的根进行扫描，如果是 G1GC，则 G1ParScanAndMarkExtRootClosure 类的 do_oop() 函数会被调用。转移对象的处理就实现在这个 do_oop() 函数中。

17.3.2 对象转移

do_oop() 最终会调用 G1ParCopyHelper 类的 copy_to_survivor_space()，将对象转移到空区域中。其中的处理已经在算法篇 3.8.1 节中详细讲解过，此处不再赘述。

17.3.3 复制函数

话虽那么说，但什么都不讲也不太好，所以这里就来介绍一下“用于复制对象的函数”吧。这是我个人认为很有意思的一个函数。

下面是该函数在 G1GC 中复制对象的代码。

```
share/vm/gc_implementation/g1/g1CollectedHeap.cpp

4397:     Copy::aligned_disjoint_words((HeapWord*) old,
                                       obj_ptr, word_sz);
```

aligned_disjoint_words 是 Copy 类的静态成员函数。

```
share/vm/utilities/copy.hpp

114:   static void aligned_disjoint_words(
                     HeapWord* from, HeapWord* to, size_t count) {
115:     assert_params_aligned(from, to);
116:     assert_disjoint(from, to, count);
117:     pd_aligned_disjoint_words(from, to, count);
118:   }
```

它的参数是 from、to 以及要复制的对象的字数。第 115 行中的 assert_params_aligned() 会检查 from 和 to 是否是已经对齐的值。第 116 行代码会检查从 from 复制到 to 时，内存区域有没有重叠。第 117 行代码中的静态成员函数 pd_aligned_disjoint_words() 的定义在不同操作系统中有所不同。

下面来看一看在支持 x86 CPU 的 Linux 操作系统中定义的 pd_aligned_disjoint_words()。

```
os_cpu/linux_x86/vm/copy_linux_x86.inline.hpp

73:  static void pd_disjoint_words(
                    HeapWord* from, HeapWord* to, size_t count) {
74:  #ifdef AMD64
75:    switch (count) {
76:    case 8:  to[7] = from[7];
77:    case 7:  to[6] = from[6];
78:    case 6:  to[5] = from[5];
79:    case 5:  to[4] = from[4];
80:    case 4:  to[3] = from[3];
81:    case 3:  to[2] = from[2];
```

```
82:     case 2:  to[1] = from[1];
83:     case 1:  to[0] = from[0];
84:     case 0:  break;
85:     default:
86:       (void)memcpy(to, from, count * HeapWordSize);
87:       break;
88:     }
89:   #else
        /* 省略:其他 */
108: #endif // AMD64
109: }

139: static void pd_aligned_disjoint_words(
                     HeapWord* from, HeapWord* to, size_t count) {
140:   pd_disjoint_words(from, to, count);
141: }
```

pd_aligned_disjoint_words() 直接调用 pd_disjoint_words() 函数。

在 AMD 64 的 CPU 和其他 CPU 中，pd_aligned_disjoint_words() 的处理是不一样的。首先来看一看在 AMD 64 的 CPU 中的处理。如果要复制的数据小于等于 8 个字，那么程序将进入第 76 行至第 84 行的 case 语句的处理中，通过“=”运算符进行内存复制。否则，程序将调用 memcpy() 进行内存复制。这可能是因为，如果要复制的数据非常小，那么函数调用的性能开销就会显得格外大，不值得调用 memcpy()。

```
os_cpu/linux_x86/vm/copy_linux_x86.inline.hpp

73:   static void pd_disjoint_words(
                      HeapWord* from, HeapWord* to, size_t count) {
74:   #ifdef AMD64
          /* 省略 */
89:   #else
91:    intx temp;
92:    __asm__ volatile("        testl    %6,%6         ;"
93:                     "        jz       3f            ;"
94:                     "        cmpl     $32,%6        ;"
95:                     "        ja       2f            ;"
96:                     "        subl     %4,%1         ;"
97:                     "1:      movl     (%4),%3       ;"
98:                     "        movl     %7,(%5,%4,1);"
```

```
99:                    "       addl    $4,%0        ;"
100:                   "       subl    $1,%2         ;"
101:                   "       jnz     1b           ;"
102:                   "       jmp     3f           ;"
103:                   "2:     rep;    smovl        ;"
104:                   "3:     nop                  "
105:                   : "=S" (from), "=D" (to), "=c" (count),
                                                 "=r" (temp)
106:                   : "0"  (from), "1"  (to), "2"  (count),
                                                 "3"  (temp)
107:                   : "memory", "cc");
108: #endif // AMD64
109: }
```

如果是非 AMD 64 的 CPU，则该函数会使用内联汇编自己实现复制操作。这里简单地介绍一下上面这段处理。

第 92 行和第 93 行代码是检查 count 是否为 0 的处理。第 92 行代码中的 testl 指令会对 count 进行按位与运算。如果 count 为 0，则第 93 行代码中的 jz 命令会让程序跳转到第 104 行。

第 94 行和第 95 行代码是检查 count 是否小于等于 32 的处理。如果 count 大于 32，那么第 95 行代码中的 ja 指令会让程序跳转到第 103 行。

第 103 行代码执行的是使用了 rep 的字符串指令 smovl。smovl 指令会被循环 count 次，将数据从 from 复制到 to 中。

第 96 行至第 102 行代码借助跳转指令循环地进行复制。当 count 小于等于 32 时，程序会进入这段处理。第 96 行代码会求出 from 和 to 的偏移量，并将其保存在 to 的寄存器中。第 97 行代码会将 from 中一个字的数据保存在 temp 寄存器中。第 98 行代码会将 temp 的数据复制到“**from + 偏移量**”的位置（最开始的位置是 to 的起始位置）。第 99 行代码会累加偏移量。第 100 行代码用于将 count 减去 1。第 101 行代码则会检查 count 是否为 0。如果不是 0，则让程序跳转到第 97 行；如果是 0，则通过第 103 行的 jmp 指令让程序跳转到第 104 行。

大致就是这样的。这究竟会不会比 memcpy() 更快呢？卜部昌平在（关于 memset64 的）文章中记录了对此的测试结果和思考分析。请感兴趣的读者一定要阅读他的文章《追求最快的 memset64》（日语）。

这篇文章里是 memset64 的测试结果，那么 memcpy() 的结果会如何呢？此外，x86 又会有什么样的变化呢？对此感兴趣的读者可以亲自比较一下。

关于内联汇编的写法，我参考了一篇名为《GCC 内联汇编的写法 for x86》（日语）的文章。

17.4 步骤③——转移

在根转移步骤中，转移的对象的字段会被保存在转移队列中。而在这个步骤中，凡是被存储在该转移队列中的字段引用的子对象都会被一个接一个地转移。G1ParTask 中的 work() 在根转移结束后，会调用 G1ParEvacuateFollowersClosure 的 do_void() 函数。

```
share/vm/gc_implementation/g1/g1CollectedHeap.cpp

4620:   void work(int i) {

          /* 省略:根转移 */

4666:     {

4668:       G1ParEvacuateFollowersClosure evac(
              _g1h, &pss, _queues, &_terminator);
4669:       evac.do_void();

4674:     }
```

do_void() 会将转移队列中存放的对象一个接一个地转移。

```
share/vm/gc_implementation/g1/g1CollectedHeap.cpp

4565: void G1ParEvacuateFollowersClosure::do_void() {
4566:   StarTask stolen_task;
4567:   G1ParScanThreadState* const pss = par_scan_state();
4568:   pss->trim_queue();

        /* 省略:工作窃取 */

4587: }
```

第 4567 行代码中的 G1ParScanThreadState 的实例内部存放着转

移队列。由于这个转移队列是线程局部的，所以不会存在某个转移线程与其他转移线程互相竞争的情况。第 4568 行代码中的 `trim_queue()` 会一直转移对象，直到转移队列为空。

如果其他线程的转移目标太多，那么转移目标少的线程会通过“工作窃取”来平衡工作量。

18 预测与调度

算法篇 4.5 节中讲过，下一次并发标记暂停处理会花费的时间，是根据过去的并发标记暂停时间预测出来的。本章将讲解 HotSpotVM 如何根据过去的时间记录，预测下一次的暂停时间。

此外，算法篇 4.4 节中讲过 GC 会调度暂停时机。在本章后半部分，我将带领大家看一看这是如何实现的。

18.1 根据历史记录进行预测

所谓根据暂停时间的历史记录计算下一次的暂停时间，就是“基于过去的数据预测未来的数据”。HotSpotVM 会利用平均值和标准差来预测未来的暂停时间。

18.1.1 均值、方差和标准差

HotSpotVM 中会用到方差或标准差等。首先来讲解这几个术语。

假设某个班级 3 位同学的考试成绩分别如下所示。

- A：50分
- B：70分
- C：90分

那么 A、B、C 这 3 位同学的平均分是多少呢？这很简单吧？计算方法如代码清单 18.1 所示。

代码清单 18.1 A、B、C 的平均分

```
(50 + 70 + 90) / 3 = 70
```

像上面这样“将各计算项的值相加然后除以计算项个数”的计算称为求“均值”。这就是大家最熟悉的求“平均值”。

下面我们来看一看 A、B、C 与基准值的差值各是多少。表示这个差值程度的值被称为“标准差”。这次我们以平均值作为基准值来尝试计算。

要想知道各计算项的偏差，我们首先需要看各计算项与作为基准的平均值的差是多少。简单地说，只要通过“各计算项 - 平均值”先算出差值，然后将它们相加并除以计算项的数量就可以得到偏差（代码清单 18.2）。让我们来试试看。

代码清单 18.2 错误的偏差计算方法

```
((50 - 70) + (70 - 70) + (90 - 70)) / 3 = 0
```

结果是 0。难道没有偏差吗？不是的，只要看 A、B、C 的值就会知道明显是有偏差的。

以“各计算项 - 平均值”来计算的问题在于结果中可能存在负数。如果有负数，就会导致差值被抵消。既然负值的出现会带来不利的影响，那我们来尝试计算差值的平方（代码清单 18.3）。

代码清单 18.3 方差的计算方法

```
((50 - 70)**2 + (70 - 70)**2 + (90 - 70)**2) / 3 = 266
```

现在值变成了 266，我们可以看到确实有偏差。像这样将“各计算项 - 平均值”的平方相加并除以计算项个数得到的结果称为“方差”。

因为这个值是通过平方值求出来的，所以还需要计算它的二次方根（平方根）（代码清单 18.4）。

代码清单 18.4 标准差的计算方法（Ruby）

```
Math.sqrt(266).to_i # => 16 舍去小数点后的值
```

结果是 16。这个值就是前面提到的标准差。标准差表示偏差的幅度。如果标准差很大，则说明各数据的波动很大；如果标准差为 0，则说明没有偏差。在本例中，如果 A、B、C 的分数都为 70，则标准差为 0。

18.1.2 衰减均值

HotSpotVM 会根据过去的历史记录来预测下一次暂停时间。假设 A 过去 5 次的考试成绩如下所示。

- 第1次：30分
- 第2次：35分
- 第3次：40分
- 第4次：42分
- 第5次：50分

那么，应该如何预测第 6 次的考试成绩呢?

HotSpotVM 首先会在记录分数时计算衰减均值（decaying average）。衰减均值和均值不同，它是一种数据越古老，对均值的影响就越小的计算方法。我们先来看一看具体的计算方法（代码清单 18.5）。

代码清单 18.5 衰减均值的计算方法（Ruby）

```
davg = 30
davg = 35 * 0.3 + davg * 0.7
davg = 40 * 0.3 + davg * 0.7
davg = 42 * 0.3 + davg * 0.7
davg = 50 * 0.3 + davg * 0.7
davg.to_i # => 40
```

在上面这段代码中，衰减均值的计算方法是将最新分数的 30%，和历史记录中上一次记录的 70% 相加，然后将结果作为新的历史记录。这种计算方法可以减少旧数据对均值的影响。

为了便于大家理解，这里假设 A 的考试成绩为 1 分的记录有 10 次。此时，均值的变化趋势如图 18.1 所示。

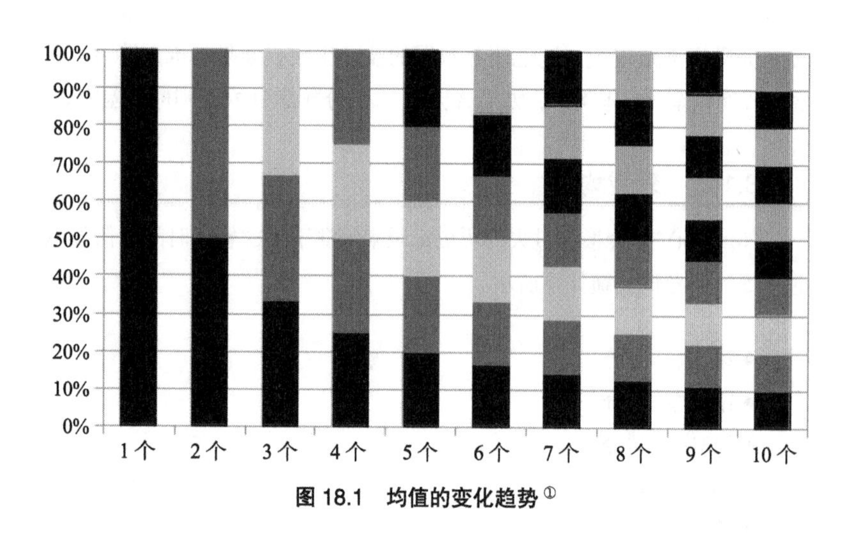

图 18.1　均值的变化趋势[①]

而衰减均值的变化趋势如图 18.2 所示。

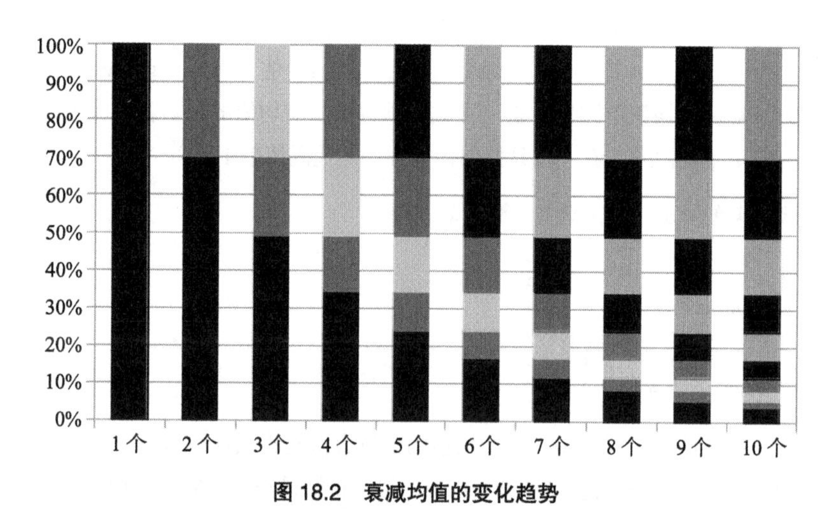

图 18.2　衰减均值的变化趋势

除第 1 个值外，其他值都是越旧在均值中所占的比例越小（图 18.2）。而最新的值总是占均值的 30%。

---

① 按文前说明登录图灵社区本书主页，点击页面右侧的“随书下载”，可查看图 18.1 和图 18.2 的彩色版。

HotSpotVM 会将这个衰减均值作为下一次暂停时间的预测值。以代码清单 18.5 来说，预测值就是 40。

在历史记录的数据中，数据越旧，就越与最新数据没有什么关系。因此，像衰减均值那样以减少过去数据对均值影响的方法来求平均值才是最合适的。

18.1.3 衰减方差

与衰减均值类似的还有衰减方差（decaying variance）。它的计算方法如代码清单 18.6 所示。

代码清单 18.6 衰减方差的计算方法（Ruby）

```
davg = 30
dvar = 0
davg = 35 * 0.3 + davg * 0.7
dvar = ((35 - davg) ** 2) * 0.3 + dvar * 0.7
davg = 40 * 0.3 + davg * 0.7
dvar = ((40 - davg) ** 2) * 0.3 + dvar * 0.7
davg = 42 * 0.3 + davg * 0.7
dvar = ((42 - davg) ** 2) * 0.3 + dvar * 0.7
davg = 50 * 0.3 + davg * 0.7
dvar = ((50 - davg) ** 2) * 0.3 + dvar * 0.7
dvar.to_i # => 44
```

方差是表示波动与基准值的距离的值。本例中的基准值是“添加数据时的所有历史记录的衰减均值”。衰减均值是预测值（即预测的下一次数值）。也就是说，这时的方差表示“当时的预测值与当时实际的值有多少偏差”。方差也采用求衰减均值的方法，通过慢慢减小过去数值的影响来进行衰减式计算。

然后，我们再继续算出衰减方差的平方根（代码清单 18.7），也就是衰减标准差（decaying standard deviation）。

代码清单 18.7 衰减标准差的计算方法（Ruby）

```
Math.sqrt(dvar).to_i # => 6
```

这里计算出的衰减标准差就是预测值与实际值之间的偏差。也就是说，这里可以预测出预测值与实际值的偏差会在 ±6 的范围内。

18.1.4　包含偏差的预测

HotSpotVM 会考虑某种程度的偏差，几乎每次都会计算出安全的预测值。具体的计算方法如代码清单 18.8 所示。

代码清单 18.8　安全的预测值

```
包含偏差的预测值 = 衰减均值 + (可信度/100 * 衰减标准差)
```

这里出现了一个新术语：可信度。可信度表示通过衰减标准差求出来的波动范围的可信程度。例如当衰减标准差的值是 6 时，如果可信度是 100%，则表示将偏差范围设置在 ±6 以内。如果可信度为 50%，则将偏差范围设置为原范围的一半，即 ±3 以内。HotSpotVM 中可信度的默认值为 50%，不过程序员可以在 JVM 的启动选项中指定它。

代码清单 18.8 将可信范围的偏差的最大值和衰减均值（预测值）相加，从而求出了安全的预测值。

代码清单 18.9　HotSpotVM 根据 A 的考试成绩计算的预测值（Ruby）

```
44 + (50/100.0 * 6) # => 47.0
```

如果以 A 的考试成绩为例，那么 HotSpotVM 会以代码清单 18.9 的方式进行计算，并做出“A 下次的考试成绩为 47 分”这样的安全预测。

注：关于术语

前面介绍的衰减均值、衰减方差、衰减标准差等术语是我在 HotSpotVM 的源代码中学习到并用在本书中的。请注意它们并非常用的术语。

18.1.5　历史记录的实现

下面我们来看一看实际的实现。如下所示，历史记录保存在 `G1CollectorPolicy` 的成员变量中。

```
share/vm/gc_implementation/g1/g1CollectorPolicy.hpp

 86: class G1CollectorPolicy: public CollectorPolicy {
```

```
150:   TruncatedSeq* _concurrent_mark_init_times_ms;
151:   TruncatedSeq* _concurrent_mark_remark_times_ms;
152:   TruncatedSeq* _concurrent_mark_cleanup_times_ms;
```

此处的 TruncatedSeq 就是存放历史记录的类，它继承自 AbsSeq 类。下面是用于添加历史记录的 add() 成员函数。

```
share/vm/utilities/numberSeq.cpp

36: void AbsSeq::add(double val) {
37:   if (_num == 0) {
39:     _davg = val;
41:     _dvariance = 0.0;
42:   } else {
44:     _davg = (1.0 - _alpha) * val + _alpha * _davg;
45:     double diff = val - _davg;
46:     _dvariance = (1.0 - _alpha) * diff * diff + _alpha * _dvariance;
47:   }
48: }
```

_davg 和 _dvariance 分别表示衰减均值和衰减方差。_alpha 的默认值是 0.7。也就是说，这里进行的处理与代码清单 18.6 是一样的。每次添加数据到历史记录时，上面这些成员变量都会被计算 1 次。

下面我们来看一看添加数据到历史记录的代码。举个例子，并发标记的初期标记阶段是在下面这个函数中添加历史记录。

```
share/vm/gc_implementation/g1/g1CollectorPolicy.cpp

954: void G1CollectorPolicy::record_concurrent_mark_init_end() {
955:   double end_time_sec = os::elapsedTime();
956:   double elapsed_time_ms =
         (end_time_sec - _mark_init_start_sec) * 1000.0;
957:   _concurrent_mark_init_times_ms->add(elapsed_time_ms);

961: }
```

第 956 行代码会计算初期标记阶段的暂停时间，第 957 行代码会将这个时间添加到 TruncatedSeq 中。

18.1.6 获取预测值

下面我们来看一看获取预测值的处理。作为例子，下面给出了计算初期标记阶段的预测值的成员函数。

```
share/vm/gc_implementation/g1/g1CollectorPolicy.hpp

536:   double predict_init_time_ms() {
537:     return get_new_prediction(_concurrent_mark_init_times_ms);
538:   }
```

第 537 行代码以 `_concurrent_mark_init_times_ms` 成员变量为参数调用了 `get_new_prediction()`，这个函数会返回预测值。

`get_new_prediction()` 的定义如下所示。

```
share/vm/gc_implementation/g1/g1CollectorPolicy.hpp

342:   double get_new_prediction(TruncatedSeq* seq) {
343:     return MAX2(seq->davg() + sigma() * seq->dsd(),
344:                 seq->davg() * confidence_factor(seq->num()));
345:   }
```

`MAX2()` 的功能是比较 2 个参数，然后返回较大的值。第 344 行的处理是在还没有充分的历史记录时执行的，因此这里不对其进行说明，只讲解第 343 行的处理。

`davg()` 的返回值是衰减均值。`sigma()` 是程序员设置的可信度。`dsd()` 的返回值是衰减标准差。也就是说，这段处理计算的是代码清单 18.8 中展示的安全预测值。

18.2 并发标记的调度

下面，我们来看一看算法篇 4.4 节中讲解的“调度 GC 的暂停时机”的实现方式。只要掌握了从历史记录中获取预测值的方法，这里的内容就非常好理解了。

这里以并发标记暂停处理中的最终标记阶段为例进行讲解。

```
share/vm/gc_implementation/g1/concurrentMarkThread.cpp

93: void ConcurrentMarkThread::run() {

152:             double now = os::elapsedTime();
153:             double remark_prediction_ms =
```

```
                  g1_policy->predict_remark_time_ms();
154:            jlong sleep_time_ms =
                  mmu_tracker->when_ms(now, remark_prediction_ms);
155:            os::sleep(current_thread, sleep_time_ms, false);

              /* 最终标记阶段的执行 */
165:          CMCheckpointRootsFinalClosure final_cl(_cm);
166:          sprintf(verbose_str, "GC remark");
167:          VM_CGC_Operation op(&final_cl, verbose_str);
168:          VMThread::execute(&op);
```

第 152 行的 `os::elapsedTime()` 静态成员函数会返回 HotSpotVM 启动后所经过的时间。第 153 行的 `predict_remark_time_ms()` 会获取下次执行的最终标记阶段所消耗的时间的预测值。这个值会被传递给 `when_ms()` 成员函数。`when_ms()` 使用算法篇 4.4 节中讲解的方法返回距离合适的暂停时机还有多长时间。接着，这个值被传递给第 155 行的 `os::sleep()` 函数，让并发标记线程在合适的暂停时机到来之前暂停执行。

并发标记中的其他暂停处理也是使用上面这样的方法来决定执行时机的。

18.3 转移的调度

正如算法篇 5.8 节中所说，转移的执行时机取决于新生代区域的数量。全新生代 GC 的计算方法非常复杂，因此这里只介绍比较简单的部分新生代 GC 的转移调度。

部分新生代 GC 中，新生代区域的数量上限值必须设定为能够遵守 GC 单位时间范围内的尽量小的值，而这个值要通过下面这个成员函数设置。

```
share/vm/gc_implementation/g1/g1CollectorPolicy.cpp

503: void G1CollectorPolicy::calculate_young_list_min_length() {
504:   _young_list_min_length = 0;
505:
509:   if (_alloc_rate_ms_seq->num() > 3) {
510:     double now_sec = os::elapsedTime();
```

```
511:      double when_ms = _mmu_tracker
                          ->when_max_gc_sec(now_sec) * 1000.0;
512:      double alloc_rate_ms = predict_alloc_rate_ms();
513:      size_t min_regions = (size_t) ceil(alloc_rate_ms * when_ms);
514:      size_t current_region_num = _g1->young_list()->length();
515:      _young_list_min_length = min_regions + current_region_num;
516:    }
517: }
```

先将 HotSpotVM 启动后所经过的时间传递给第 511 行的 `when_max_gc_sec()`，计算出距离下次可暂停时机的时间。第 512 行的 `predict_alloc_rate_ms()` 是预测下次“分配的区域数量 / 经过的时间”这个比例的成员函数。

```
share/vm/gc_implementation/g1/g1CollectorPolicy.hpp

379:   double predict_alloc_rate_ms() {
380:     return get_new_prediction(_alloc_rate_ms_seq);
381:   }
```

`_alloc_rate_ms_seq` 中保存着“分配的区域数量 / 经过的时间”这个比例的历史记录，它会通过这些历史记录求出下一次的预测值。

然后，第 513 行代码会将计算出的预测值与距离下次可暂停时机的时间相乘，计算出“到下次可暂停时机附近为止，能够分配的区域的数量”的预测值。最后，第 515 行会将这个值与现在的新生代数量上限相加，得到用于部分新生代 GC 的新生代区域数量上限。

实现篇

19 准确式 GC 的实现

本章将讲解为了实现准确式 GC（exact GC），HotSpotVM 是如何将“准确的根信息”提供给 GC 算法的。

19.1 栈图

为了实现准确式 GC，HotSpotVM 在进行 GC 时会生成“栈图”。栈图表示的是指向 VM 栈内所有对象的指针的位置。

19.1.1 基本类型和引用类型的变量

Java 的变量类型有 `int`、`float` 等基本类型（代码清单 19.1 第 1 行）。在 Java 中，基本类型是作为数值处理的。在 C++（HotSpotVM）中，它们也一样是作为 `int` 或 `float` 等数值处理的。

除此之外，还有指向 `Object` 类（或其子类）的实例的引用类型（代码清单 19.1 第 2 行）。引用类型在 C++（HotSpotVM）中是作为指向对象的指针来处理的。

代码清单 19.1　基本类型和引用类型

```
1: int primitiveType = 1;                    // 基本类型
2: Object referenceType = new Object();   // 引用类型
```

这里的问题在于，基本类型在 VM 上是作为数值来处理的。也就是说，基本类型可能是伪指针。因此，要想实现准确式 GC，HotSpotVM 必须能够分辨出基本类型和引用类型。

19.1.2 HotSpotVM 的栈

在讲解如何分辨引用类型之前，这里先简单介绍一下 HotSpotVM 的栈。

首先，HotSpotVM 基本上是逐一读取字节码（byte code）(.class 文件）内的命令集，然后再根据命令进行处理的。命令集由定义了所执行操作的操作码（1 个字节）和操作数组成。操作码实际上只是 0x32 这样的字节序列，但是这样的形式人们读起来太难受，因此通常我们会以 aaload 这样的形式来表示操作码。这种形式被称为助记符（mnemonic)。

如图 19.1 所示，在 HotSpotVM 中存在 JVM 栈和栈帧的概念。它们的作用分别与 C 语言中的调用栈（call stack）和调用帧（call frame）相同。当 Java 上的方法被调用时，对应的栈帧会被存储在 JVM 栈中，然后在方法执行完成后，栈帧从栈中弹出。

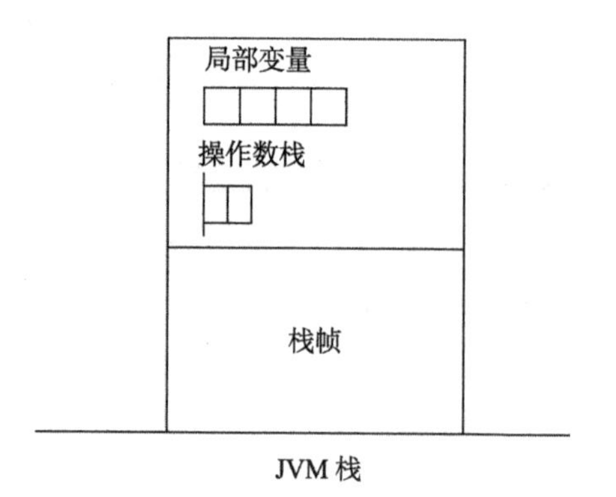

图 19.1 JVM 栈和栈帧

此外，栈帧中还存放有局部变量和操作数栈。局部变量用来存放方法内要使用的局部变量。另外，方法参数会被当作局部变量处理。

HotSpotVM 是一种栈式虚拟机（stack machine），所以 VM 上的计算都是使用栈进行处理的。HotSpotVM 会使用方法帧内的操作数栈进行计算。

19.1.3 HotSpotVM 的执行流程

下面，我们通过实际的示例代码（代码清单 19.2）看一看 HotSpotVM 是如何使用局部变量和操作数栈的。

代码清单 19.2 TwoDifferentLocalVars.java

```
1: class TwoDifferentLocalVars {
2:     public static void main(String args[]){
3:         int primitiveType = 1;                  // 基本类型
4:         Object referenceType = new Object();    // 引用类型
5:     }
6: }
```

代码中的 `main()` 方法是一个将基本类型和引用类型存储在局部变量中的简单方法。将这个方法编译为 Java 字节码后，结果如代码清单 19.3 所示。

代码清单 19.3 TwoDifferentLocalVars.java 的字节码

```
pc( 0): iconst_1
pc( 1): istore_1
pc( 2): new           #2 // class java/lang/Object
pc( 5): dup
pc( 6): invokespecial #1 // Method java/lang/Object."<init>"
pc( 9): astore_2
pc(10): return
```

代码清单 19.3 的字节码被分配的编号并不是代码的行号，而是分配给方法内字节码的唯一的程序计数器（program counter，后面的图中简称 pc）。HotSpotVM 会从上至下依次执行代码清单 19.3 的字节码，在局部变量中保存基本类型和引用类型的值。字节码乍看起来难以理解，但只要大致知道 VM 的执行流程和命令集，就会发现其实也没有那么难（表 19.1）。

表 19.1 助记符和命令的含义

助记符	命令的含义
`iconst_'i'`	将相当于 `'i'` 部分的 `int` 类型的常量添加到操作数栈中
`istore_'n'`	将操作数栈头部的 `int` 类型的值保存到局部变量数组的第 `'n'` 个元素中
`new`	创建一个新的对象并将其添加到操作数栈中
`dup`	复制操作数栈头部的值并将复制出的值添加到操作数栈中

（续）

助记符	命令的含义
invokespecial	调用实例的初始化方法等特殊方法
astore_'n'	将操作数栈头部的引用类型的值保存到局部变量数组的第 'n' 个元素中
return	从方法中返回 void

表 19.1 中列出了代码清单 19.3 中出现的助记符及其命令的含义。

图 19.2 展示了字节码的执行流程。

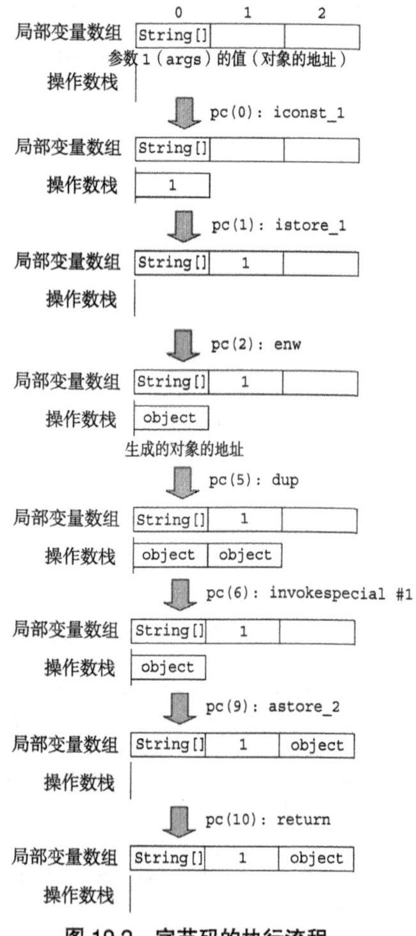

图 19.2　字节码的执行流程

最终，局部变量 1 中存放的是 `1`，局部变量 2 中存放的是 `Object` 类的实例的地址。局部变量 1 是代码清单 19.2 中的变量 `primitiveType`，局部变量 2 是变量 `referenceType`。

此外，像上面这样一边读取字节码，一边逐个执行命令集的解释器称为“字节码解释器”。

下面让我们回到 GC 的主题上。如果 GC 在 pc10 的状态下被执行，那么它必须能够判断局部变量 2 所引用的对象确实还存活着，而且它还必须能够分辨出局部变量 1 中保存的基本类型的值不是回收目标。那么 HotSpotVM 是如何分辨局部变量数组（或是操作数栈）内的值的呢？

19.1.4 什么是栈图

这里，我们要关注的是 Java 的类型信息。查看代码清单 19.3 可以知道，对于基本类型和引用类型，将它们的值保存在局部变量数组和操作数栈中的助记符是不同的。基本类型的助记符是 `istore_1`，而引用类型的助记符是 `astore_2`。

HotSpotVM 利用字节码的类型信息，来创建发生 GC 时栈帧的栈图。顾名思义，栈图就是表示将引用类型保存在局部变量数组和操作数栈上什么位置的地图。实际的栈图是以 `00100` 这样的比特序列表示的。比特序列中值为 `1` 的比特，表示它所对应的局部变量（或操作数）中保存的是引用类型的值。

19.1.5 抽象解释器

栈图是由抽象解释器创建出来的。简单地说，抽象解释器就是只记录类型信息的解释器。抽象解释器只记录保存在局部变量数组和操作数栈中的值的类型，并不关心实际保存的值。

下面我们以 19.1.3 节中介绍的字节码（代码清单 19.3）为例，来比较一下抽象解释器（代码清单 19.4）和普通解释器的行为。

代码清单 19.4 TwoDifferentLocalVars.java：字节码的执行流程（抽象解释器）

```
BasicBlock#0
pc( 0): locals = 'r  ', stack = ''   // iconst_1
pc( 1): locals = 'r  ', stack = 'v'  // istore_1
pc( 2): locals = 'rv ', stack = ''   // new            #2
pc( 5): locals = 'rv ', stack = 'r'  // dup
pc( 6): locals = 'rv ', stack = 'rr' // invokespecial #1
pc( 9): locals = 'rv ', stack = 'r'  // astore_2
pc(10): locals = 'rvr', stack = ''   // return
```

抽象解释器的执行流程很好写，如上所示。代码清单 19.4 中的 `locals` 是局部变量数组，`stack` 是操作数栈。请将局部变量数组或操作数栈中的 `r`（reference）当作引用类型，把 `v`（value）当作基本类型。局部变量数组内的半角空格表示还没有被初始化的元素。关于 `BasicBlock#0` 的作用，我将在 19.1.7 节中进行讲解，现在请先忽略它。

抽象解释器会记录某个命令集被执行前的局部变量数组和操作数栈的类型信息。例如在 pc0 处，它会记录 `iconst_1` 被执行前的类型信息。因此，局部变量数组（`locals`）中只有表示参数 `args` 的类型的 `r` 将被记录下来。接下来，在 pc1 处执行完 `iconst_1` 后，操作数栈（`stack`）中表示 1 的类型的 `v` 将被记录下来。

抽象解释器就是像这样毫不关心实际值，只记录类型信息的。接着，HotSpotVM 就会根据抽象解释器记录下的对应了一次字节码执行的类型信息创建栈图。

19.1.6 栈图的创建

在命令集执行过程中的任何时刻都可能发生 GC。例如，在创建对象的命令集的执行过程中可能会发生 GC，在进行加法运算的命令集的执行过程中也可能会发生 GC。

如果在某个命令集的执行过程中发生了 GC，那么 GC 必须要判断栈帧内的局部变量数组和操作数栈中的引用型变量所指向的对象是否还存活着。为此，必须要创建出 GC 发生时的命令集执行时的栈图。

这里我们以代码清单 19.4 中 pc5 的命令集（`dup` 操作码）为例，来看一看在执行它的过程中发生 GC 时，栈图是如何被创建出来的。

创建出的栈图如图 19.3 所示。

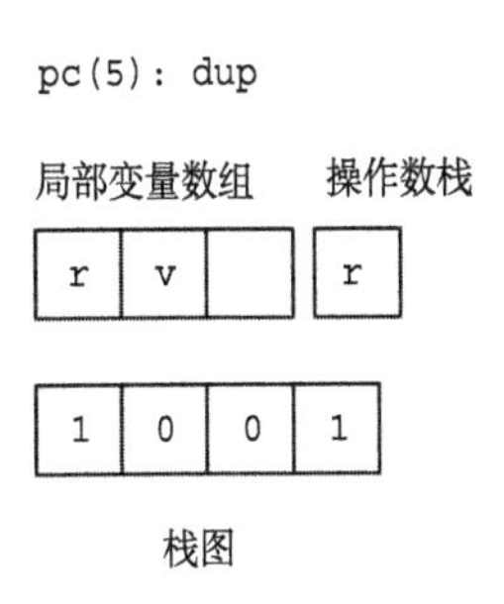

图 19.3 栈图的创建

从图中我们可以看到，对应局部变量数组头部和操作数栈头部的比特位为 `1`。GC 会参考这份栈图，做出“在局部变量数组头部和操作数栈头部保存着引用类型的值”的判断，进而判断出它们所指向的对象确实还“活着”。

19.1.7 有条件分支时的栈图

前面，我们以没有条件分支时的示例代码为例，看了栈图是如何被创建出来的。但是，实际上只要有一个条件分支，栈图的创建难度就会增加一级。请看一看下面代码清单 19.5 中的这段示例代码。

代码清单 19.5 TwoControlPath.java

```
 1: class TwoControlPath {
 2:     static public void main(String args[]){
 3:         if (args.length == 0) {
 4:             Object referenceType = new Object();
 5:             return;
 6:         } else {
 7:             int primitiveType = 1;
 8:             return;
 9:         }
10:     }
11: }
```

代码清单 19.5 中的代码首先会根据参数 `args` 的长度来设置 `referenceType` 局部变量的值或 `primitiveType` 的值。

其中的 main() 函数的字节码如代码清单 19.6 所示。

代码清单 19.6 TwoControlPath.java：字节码

```
pc( 0): aload_0
pc( 1): arraylength
pc( 2): ifne           14
pc( 5): new            #2 // class java/lang/Object
pc( 8): dup
pc( 9): invokespecial #1 // Method java/lang/Object."<init>"
pc(12): astore_1
pc(13): return
pc(14): iconst_1
pc(15): istore_1
pc(16): return
```

代码清单 19.6 中出现了一个新的助记符 ifne。ifne 指令的含义是“将操作数栈头部的 int 类型的值取出来，如果它不是 0 则跳至指定的 pc”。pc2 处的指令是 ifne 14，因此如果操作数栈头部的值（args.length）不是 0，则程序会跳转至 pc14。

接下来，希望大家关注一下 pc12 和 pc15。这两条指令的意思是分别将基本类型和参照类型的值保存到局部变量 1 中。也就是说，不同的条件分支下局部变量 1 中保存的值不同。如果在 pc13 处发生 GC，那么此时局部变量 1 的类型是引用类型，而如果在 pc16 处发生 GC，那么此时局部变量 1 的类型就是基本类型。

因此，抽象解释器必须记录所有情况下的类型信息。也就是说，即使代码清单 19.5 中 args.length 的值为 0，抽象解释器也必须记录另外一种情况下的类型信息。

这时，抽象解释器会将字节码划分为“基本块”（basic block）单位。代码清单 19.6 中的字节码就会被划分为下面这样。

代码清单 19.7 TwoControlPath.java：字节码的执行流程（抽象解释器）

```
BasicBlock#0
pc( 0): locals = 'r ' stack = ''    // aload_0
pc( 1): locals = 'r ' stack = 'r'   // arraylength
pc( 2): locals = 'r ' stack = 'v'   // ifne 14

BasicBlock#2
pc( 5): locals = 'r ' stack = ''    // new
```

```
pc( 8): locals = 'r ' stack = 'r'   // dup
pc( 9): locals = 'r ' stack = 'rr'  // invokespecial
pc(12): locals = 'r ' stack = 'r'   // astore_1
pc(13): locals = 'rr' stack = ''    // return

BasicBlock#1
pc(14): locals = 'r ' stack = ''    // iconst_1
pc(15): locals = 'r ' stack = 'v'   // istore_1
pc(16): locals = 'rv' stack = ''    // return
```

查看代码清单 19.7 可知，`if` 语句的真、假两种情况的字节码被分在了两个不同的基本块（`BasicBlock#1`、`BasicBlock#2`）中。`BasicBlock#1` 的 pc14 和 `BasicBlock#2` 的 pc5 的局部变量数组及操作数栈的类型信息是 `BasicBlock#0` 的 pc2 执行后的类型信息。`BasicBlock#2` 会执行 `if` 语句为“真”时的字节码并记录类型信息，而 `BasicBlock#1` 记录的是为“假”时的类型信息。

此外，请注意代码清单 19.7 中 pc13 和 pc16 处的局部变量 1 中的类型信息是不一样的。也就是说，即使是在 pc13 和 pc16 处发生了 GC，GC 也可以通过栈图分辨出局部变量 1 的类型。

有了“基础块”机制，方法内的各种情况下的类型信息就都可以被记录下来。不仅仅是条件分支时会用到基础块，循环语句、`switch` 语句或 `try-catch` 语句等也会用到基础块。而像代码清单 19.2 中那样，方法内没有条件分支时，方法内的所有字节码都会被当作 `BasicBlock#0` 处理。

19.1.8 方法调用时的栈图

前面，我们看了栈帧执行时的栈图是如何被创建出来的。下面，我们看一看当 JVM 栈中累积了多个栈帧时，栈图是如何被创建出来的（图 19.4）。

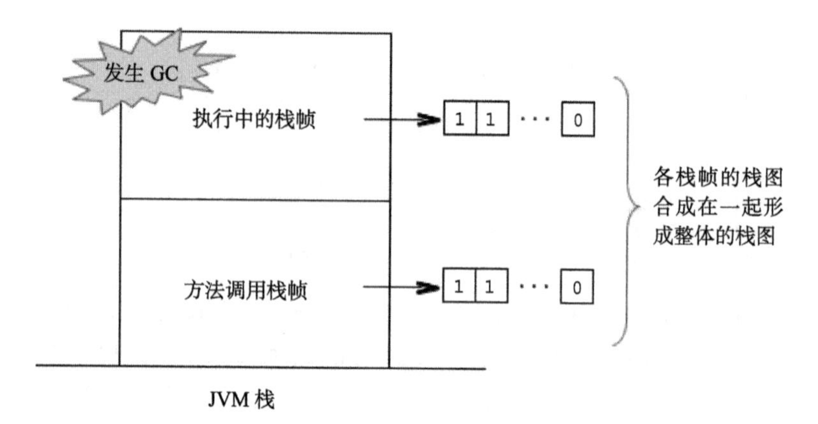

图 19.4 多个栈帧的栈图的创建

我们来看一看方法调用时的栈图是如何被创建出来的。请看代码清单 19.8 的示例代码。

代码清单 19.8 MethodCall.java

```
 1: class MethodCall {
 2:     static public void main(String args[]){
 3:         Object referenceType = new Object();
 4:         int primitiveType = 1;
 5:         gcCall(referenceType, primitiveType);
 6:     }
 7:
 8:     static void gcCall(Object a, int b){
 9:         System.gc();  // 执行GC
10:     }
11: }
```

这段代码在第 5 行调用了 `gcCall()` 方法，这一点与代码清单 19.2 不同。`gcCall()` 方法是执行 GC 的方法。虽然它在代码清单 19.8 中接收了一个引用类型参数和一个基本类型参数，但这只是为了讲解而接收的，实际上我们并不会用到这两个参数。

代码清单 19.8 的 `main()` 方法的字节码如下所示。

代码清单 19.9 MethodCall.java：字节码

```
pc( 0): iconst_1
pc( 1): istore_1
```

```
pc( 2): new            #2 // class java/lang/Object
pc( 5): dup
pc( 6): invokespecial #1 // Method java/lang/Object."<init>"
pc( 9): astore_2
pc(10): iload_1
pc(11): aload_2
pc(12): invokestatic  #3 // Method gcCall
pc(15): return
```

代码清单 19.9 与代码清单 19.3 的区别体现在 pc10 至 pc15 上。这一段是调用 `gcCall()` 方法的字节码。pc10、pc11 将 `gcCall()` 方法参数压入操作数栈中，pc12 调用 `gcCall()` 方法。

接下来看一看抽象解释器对代码清单 19.9 的解释结果。

代码清单 19.10 MethodCall.java：字节码的执行流程（抽象解释器）

```
BasicBlock#0
pc( 0): locals = 'r  ' stack = ''   // iconst_1
pc( 1): locals = 'r  ' stack = 'v'  // istore_1
pc( 2): locals = 'rv ' stack = ''   // new
pc( 5): locals = 'rv ' stack = 'r'  // dup
pc( 6): locals = 'rv ' stack = 'rr' // invokespecial
pc( 9): locals = 'rv ' stack = 'r'  // astore_2
pc(10): locals = 'rvr' stack = ''   // iload_1
pc(11): locals = 'rvr' stack = 'v'  // aload_2
pc(12): locals = 'rvr' stack = 'vr' // invokestatic
pc(15): locals = 'rvr' stack = ''   // return
```

由于 GC 会发生在 `gcCall()` 方法内，所以栈图会在程序执行到代码清单 19.10 的 pc12 时被创建出来。

请看下图 19.5。实际上在创建方法调用方的栈帧的栈图时，传递给方法参数的操作数栈中的值会被忽略。这是因为作为参数传递过去的操作数栈中的值，在调用的方法中会被作为局部变量处理。GC 利用栈图就可以根据调用的方法栈帧中的局部变量，来正确地分辨出被忽略的操作数栈中的值。

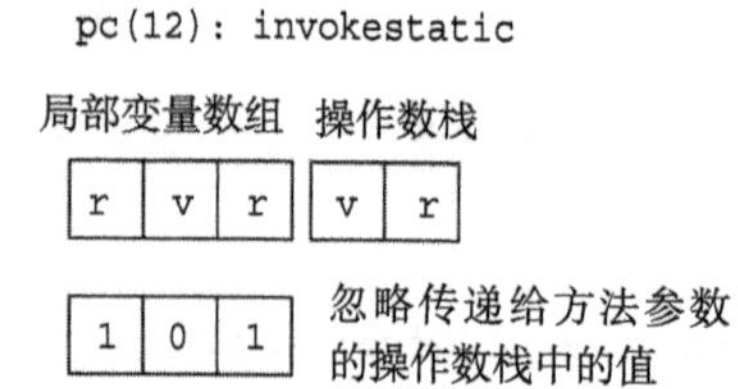

图 19.5 栈图的创建（方法调用时）

19.1.9 已编译的栈帧

JIT 在将方法编译为机器语言的同时也会创建栈图。对于已编译的方法来说，栈图表示的是在某栈帧内的什么位置有引用类型，或者是在哪个寄存器中有引用类型。

用 JIT 创建栈图时必须格外注意创建的位置。这是因为每执行一条机器语言指令，栈和寄存器的状态都会发生变化。因此理论上来说，JIT 必须创建对应各条指令的栈图。不过，这样做会使栈图变得非常庞大，所以基本上仅会在以下情况下使用 JIT 创建栈图。

① 后方分支（例：在循环中跳转至后面）

② 方法调用

③ return

④ 执行可能会发生异常的指令时

以上这些情况都相当于 15.3 节中讲解的安全点。如果需要执行 GC 时不在以上这些时间点，那么需要先让处理前进或后退到这些时间点上才能执行。

在 HotSpotVM 中调用已编译的方法时，“已编译的栈帧”会被存储在 JVM 的栈中（参考图 19.6）。

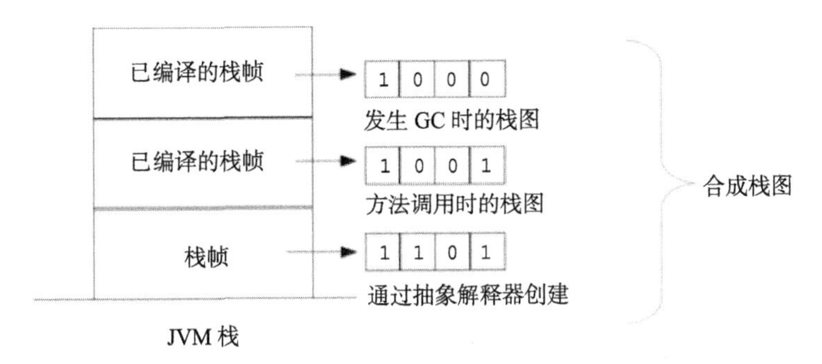

图 19.6　已编译的栈帧

由于编译后的栈帧一定带有发生 GC 时的栈图，所以它会将自带的栈图与抽象解释器创建出的其他栈图合成在一起，作为根信息提供给 GC 算法。

这里令我稍微感到疑惑的是："JIT 在编译时就会确定栈图吗？"不过细细思考后我明白了，JIT 可以从 Java 的助记符的类型信息中获知引用类型的值，而且它自己也有将字节码编译为机器语言的编译器，可以完全控制栈和寄存器的使用方法，因此在编译时确定栈图也不是什么不可思议的事情。

19.2 句柄区域与句柄标记

前面，我们看到的都是开发人员为了能够对 JVM 栈进行准确式 GC 而做的努力。现在，我们来看一看开发人员在原生（C++ 的）调用栈上下了哪些功夫。

HotSpotVM 使用句柄区域（handle area）和句柄标记（handle mark）来管理指向调用栈内的对象的指针。这种做法与 V8 的做法十分相似。由于 V8 的开发参考了 HotSpotVM，因此确切地说是 V8 模仿了 HotSpotVM。

代码清单 19.11 是仅创建句柄的示例代码。

代码清单 19.11 句柄的创建

```
1: void make_handles(oop obj1, oop obj2) {
2:       Handle h1(obj1);  // 创建句柄1
3:       Handle h2(obj2);  // 创建句柄2
4: }
```

HotSpotVM 的句柄分配在各个线程的“句柄区域”中。因此，代码清单 19.11 中创建出的句柄的分配情况如图 19.7 所示。

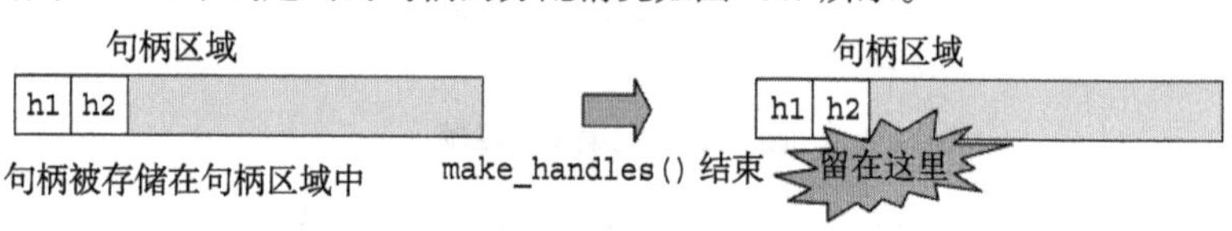

图 19.7 make_handles() 的执行示意图

如果只是这样，那么句柄将一直处于被分配的状态。因此 HotSpotVM 还有一个与句柄作用域（handle scope）几乎相同的功能，称为“句柄标记”。

代码清单 19.12 是在代码清单 19.11 的基础上添加了句柄标记的代码。

代码清单 19.12 句柄的创建：带句柄标记

```
1: void make_handles(oop obj1, oop obj2) {
2:       HandleMark hm;
3:       Handle h1(obj1);
4:       Handle h2(obj2);
5: }
```

第 2 行的 `HandleMark` 类会在构造函数中标记（记录）句柄区域的头部。然后在析构函数中，`HandleMark` 类会将区域头部移动到之前标记的位置。

图 19.8 是代码清单 19.12 的执行示意图。

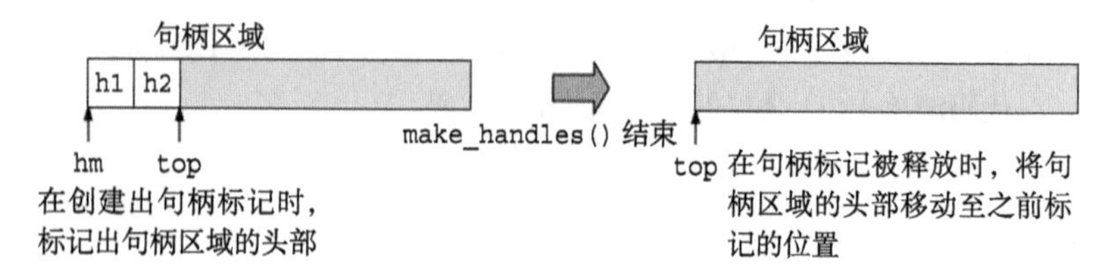

图 19.8 make_handles() 的执行示意图：带句柄标记

不过，HotSpotVM 的实现方针是尽量多地用 Java 语言来实现功能，因此以上这些功能几乎没有被用到的机会。

实现篇

20 写屏障的性能开销

终于来到本书的最后一章了。本章将稍微改变一下视角，研究一下 HotSpotVM 中写屏障的性能开销。

20.1 运行时切换 GC 算法

正如前面几章提到过的那样，我们能够在 HotSpotVM 中选择多种 GC 算法。而且，由于是在 JVM 的启动选项中指定 GC 算法，所以 GC 算法的切换必须在 Java 程序运行时（即动态地）进行。

20.1.1 性能下降的担忧

除了在程序运行时切换 GC 算法，还有一种办法是在编译时切换 GC 算法。也就是说，我们可以编译一份使用 G1GC 的 OpenJDK 和一份使用 CMS（Concurrent Mark-Sweep，并发标记—清除）的 OpenJDK，以此构建并分发对应各种 GC 算法的二进制文件。

不过，采用这种方法后，每增加一种 GC 算法，OpenJDK 的开发人员都需要构建并发布一份新的二进制文件。可以想象，需要管理的二进制文件会越来越多，需要花费的时间也会越来越多。此外，从 Java 程序员的角度来考虑这么做也不太方便，因为他们还是希望能够在运行时切换 GC 算法，以便进行各种尝试和比较。

虽然在运行时切换 GC 算法的优点显而易见，但是与在编译时切换 GC 算法相比，它的性能还是有所下降。下面我们来看一段具体的示例代码，即如下所示的用 C 语言编写的执行 GC 的 `gc_start()` 函数。

代码清单 20.1 示例：在运行时切换 GC 算法的启动 GC 的函数

```
void
gc_start(gc_state state) {
  switch (state) {
    case gc_state_g1gc;
      g1gc_gc_start();
      break;
    case gc_state_cms;
      cms_gc_start();
      break;
    case gc_state_serial;
      serial_gc_start();
      break;
  }
};
```

代码清单 20.2 示例：在编译时切换 GC 算法的启动 GC 的函数

```
void
gc_start(void) {
#ifdef GC_STATE_G1GC
  g1gc_gc_start();
#elif GC_STATE_CMS
  cms_gc_start();
#elif GC_STATE_SERIAL
  serial_gc_start();
#endif
};
```

代码清单 20.1 中的 `gc_start()` 函数中有一段条件分支处理，而代码清单 20.2 则是在编译时就选择了 `gc_start()` 内要调用的函数，因此在运行时不需要分支处理。

20.1.2 写屏障的性能开销增加

在运行时切换 GC 算法，最有可能出现性能下降的地方是写屏障。写屏障是一项会被频繁执行的处理，它很容易成为性能瓶颈。在切换 GC 算法时，如果这些 GC 算法需要不同的写屏障，那么写屏障也会发生切换。也就是说，代码清单 20.1 中根据条件分支切换 GC 算法的做法需要发生在写屏障内。因此，这会增加写屏障的性能开销，影响 mutator 的速度。

20.2 解释器的写屏障

下面，我们来看一看 HotSpotVM 是如何实现根据 GC 算法切换写屏障的。首先来看一看不利用 JIT 编译器而直接执行 Java 字节码的解释器中的写屏障。

20.2.1 写屏障的切换

oop_store() 函数会将引用类型的值存储在对象字段中。

```
share/vm/oops/oop.inline.hpp

518: template <class T> inline void oop_store(volatile T* p, oop v) {
519:   update_barrier_set_pre((T*)p, v);
521:   oopDesc::release_encode_store_heap_oop(p, v);
522:   update_barrier_set((void*)p, v);
523: }
```

第 521 行代码会将值存储在字段中。第 519 行的 update_barrier_set_pre() 函数是在字段中还没有设置值的写屏障，第 522 行的 update_barrier_set() 函数是设置好值的写屏障。

```
share/vm/oops/oop.inline.hpp

499: inline void update_barrier_set(void* p, oop v) {
501:   oopDesc::bs()->write_ref_field(p, v);
502: }
503:
504: template <class T> inline void update_barrier_set_pre(
                                           T* p, oop v) {
505:   oopDesc::bs()->write_ref_field_pre(p, v);
506: }
```

如上所示，这两个函数只是对通过 oopDesc::bs() 获取的实例调用函数而已。这里 oopDesc::bs() 获取的是通过 SharedHeap 类的 set_barrier_set() 成员函数设置的实例。

```
share/vm/memory/sharedHeap.cpp

273: void SharedHeap::set_barrier_set(BarrierSet* bs) {
274:   _barrier_set = bs;
```

```
276:    oopDesc::set_bs(bs);
277: }
```

set_barrier_set() 会在各个 VM 堆类的初始化时被调用。如果使用的 GC 算法是 G1GC，那么被作为参数传递给 set_barrier_set() 的会是 G1SATBCardTableLoggingModRefBS 类的实例；而如果使用的是其他 GC 算法，则会是 CardTableModRefBSForCTRS 类的实例。G1SATBCardTableLoggingModRefBS 和 CardTableModRefBSForCTRS 都是 BarrierSet 类的子类。

下面，我们来看一看 BarrierSet 的 write_ref_field_pre() 和 write_ref_field() 函数的定义。

```
share/vm/memory/barrierSet.inline.hpp

35: template <class T> void BarrierSet::write_ref_field_pre(
                                       T* field, oop new_val) {
36:   if (kind() == CardTableModRef) {
37:     ((CardTableModRefBS*)this)->inline_write_ref_field_pre(
                                               field, new_val);
38:   } else {
39:     write_ref_field_pre_work(field, new_val);
40:   }
41: }
42:
43: void BarrierSet::write_ref_field(void* field, oop new_val) {
44:   if (kind() == CardTableModRef) {
45:     ((CardTableModRefBS*)this)->inline_write_ref_field(
                                               field, new_val);
46:   } else {
47:     write_ref_field_work(field, new_val);
48:   }
49: }
```

从上面的代码中可以看到，这两个成员函数中都有分支处理。如果第 36 行和第 44 行的 kind() 是 CardTableModRef，那么它会判断当前实例自身是 CardTableModRefBSForCTRS 的实例，然后调用对应的函数；否则，它将调用 write_ref_field(_pre)_work() 函数。

```
share/vm/memory/barrierSet.hpp

99:   virtual void write_ref_field_pre_work(      oop* field,
```

```
                                          oop new_val) {};
// ..
106:  virtual void write_ref_field_work(void* field, oop new_val) = 0;
```

尽管这两个函数在 BarrierSet 类中被定义为了虚函数，但目前被实现的只有 G1SATBCardTableLoggingModRefBS 类。也就是说，目前 HotSpotVM 的写屏障只有两种，它们会在执行 G1GC 与其他 GC 算法时切换工作。

20.2.2 在 G1GC 加入前，写屏障只有一种

经过一番调查后我惊讶地发现，在 G1GC 加入前（即 OpenJDK 7 之前）是没有运行时写屏障切换的。那时，HotSpotVM 中只实现了“记录卡表被改写”这么一个简单功能（只有 CardTableModRefBSForCTRS）。不过仔细一想就会发现，其实分代 GC 和增量 GC 只要有这个功能就可以了。之后加入新的写屏障不过是因为 G1GC 的写屏障太过特殊了。

由于自 OpenJDK 7 引入 G1GC 后，写屏障切换也随之发生，因此解释器给对象赋值的操作的性能稍微有所下降。

20.3 JIT 编译器的写屏障

HotSpotVM 的一大特点是会对超过一定调用次数的方法采用 JIT 编译。如果在方法内有给对象字段赋值的操作，那么写屏障也会一并被编译为机器代码。

前面讲到在运行时切换写屏障会出现条件分支处理，进而带来性能开销，而如果牵扯到 JIT 编译器，情况又会有所不同。

20.3.1 C1 编译器

JIT 编译器有 C1、C2 和 Shark 三种。本书只讲解 C1 编译器。

C1 是客户端经常用到的 JIT 编译器。我们只要在 Java 的启动选项中指定 -client 就可以使用它。由于它常被用在客户端，所以尽管具有编译时间相对较短、内存使用量较少等优点，但同时也有自身的缺点，

比如基本没有对处理进行最优化。

20.3.2 生成写屏障的机器代码

负责对对象字段的赋值操作进行 JIT 编译的是 LTRGenerateor 类的 do_StoreField() 成员函数。

```
share/vm/c1/c1_LIRGenerator.cpp

1638: void LIRGenerator::do_StoreField(StoreField* x) {

1708:   if (is_oop) {
1710:     pre_barrier(LIR_OprFact::address(address),
1711:                 LIR_OprFact::illegalOpr /* pre_val */,
1712:                 true /* do_load*/,
1713:                 needs_patching,
1714:                 (info ? new CodeEmitInfo(info) : NULL));
1715:   }
1716:
1717:   if (is_volatile && !needs_patching) {
1718:     volatile_field_store(value.result(), address, info);
1719:   } else {
1720:     LIR_PatchCode patch_code =
          needs_patching ? lir_patch_normal : lir_patch_none;
1721:     __ store(value.result(), address, info, patch_code);
1722:   }
1723:
1724:   if (is_oop) {
1726:     post_barrier(object.result(), value.result());
1727:   }
```

第 1717 行至第 1722 行会生成对象字段赋值操作的机器代码。写屏障的创建是在 pre_barrier() 和 post_barrier() 函数中进行的。

```
share/vm/c1/c1_LIRGenerator.cpp

1386: void LIRGenerator::pre_barrier(
            LIR_Opr addr_opr, LIR_Opr pre_val,
1387:       bool do_load, bool patch, CodeEmitInfo* info) {
1389:   switch (_bs->kind()) {

1391:     case BarrierSet::G1SATBCT:
1392:     case BarrierSet::G1SATBCTLogging:
1393:       G1SATBCardTableModRef_pre_barrier(
            addr_opr, pre_val, do_load, patch, info);
```

```
1394:         break;

1396:       case BarrierSet::CardTableModRef:
1397:       case BarrierSet::CardTableExtension:
1398:         // No pre barriers
1399:         break;
1400:       case BarrierSet::ModRef:
1401:       case BarrierSet::Other:
1402:         // No pre barriers
1403:         break;
1404:       default       :
1405:         ShouldNotReachHere();
1406:
1407:     }
1408: }
```

第 1389 行出现的 `kind()` 和 20.2 节中讲解的 `kind()` 相同。如果采用的是 G1GC，程序就会进入第 1393 行中的 `case` 语句块，生成用来创建 G1GC 的写屏障的机器代码，否则它不会生成任何写屏障。第 1400 行至第 1403 行代码中的 `case` 语句块永远不会被执行，因此我们可以忽略它们。

下面我们来看一看 `post_barrier()` 函数的实现。

```
share/vm/c1/c1_LIRGenerator.cpp

1410: void LIRGenerator::post_barrier(
              LIR_OprDesc* addr, LIR_OprDesc* new_val) {
1411:   switch (_bs->kind()) {

1413:       case BarrierSet::G1SATBCT:
1414:       case BarrierSet::G1SATBCTLogging:
1415:         G1SATBCardTableModRef_post_barrier(addr,  new_val);
1416:         break;

1418:       case BarrierSet::CardTableModRef:
1419:       case BarrierSet::CardTableExtension:
1420:         CardTableModRef_post_barrier(addr,  new_val);
1421:         break;
1422:       case BarrierSet::ModRef:
1423:       case BarrierSet::Other:
1424:         // No post barriers
1425:         break;
1426:       default       :
1427:         ShouldNotReachHere();
```

```
1428:       }
1429: }
```

此处也一样，根据 `kind()` 的值来决定创建什么样的写屏障。如果是 G1GC，第 1415 行代码就会生成用于 G1GC 的写屏障；否则第 1420 行代码会生成用来记录“卡表被修改”的写屏障。第 1422 行至第 1424 行代码的 case 语句块永远不会被执行，因此我们可以忽略它们。

像这样，要使用的 GC 算法在进行 JIT 编译时就已经确定了，所以才能够生成对应的写屏障。因此，被 JIT 编译器编译出来的代码在切换写屏障时没有任何性能开销。

JIT 编译器真是太好了！

阅读源码的感想

我在阅读 OpenJDK 的源代码时发现有一些不好理解的地方。

首先是回调“地狱”。调用通过函数参数得到的对象实例的函数，然后再调用通过刚才调用的那个函数参数得到的对象实例的函数，然后再次进行这样的函数调用……这样的代码真让人受不了。

接着是继承“地狱”。很多类具有四五层继承关系，让人在阅读代码时非常困惑。而且由于某些历史原因，类划分的粒度也乱七八糟，缺少统一性。如果统一性好一点，也许会更容易理解。

话虽如此，OpenJDK 的源代码现在仍处于开发阶段，功能还在不断地扩展和完善，所以抽象化设计做得非常好。VM 和操作系统之间的抽象化非常实用，GC 算法的添加也非常容易。熟悉它之后，开发者就会发现它非常容易修改，让人有一种这就是“我们的 VM”的感觉。

得益于各位开发者编写出的 OpenJDK，我一边抱怨又一边非常享受地读完了它的源代码。感谢你们编写出这种让人能够如此享受地阅读的代码（绝无讽刺之意）。

后记

写在算法篇完成之后

在“GC 书”的原稿中，有一章是关于“HotSpotVM 的实现”。虽然当时已经写了一半（40 页），但由于时间关系没能出版。我心想好不容易写了这么多，就向日本达人出版社咨询能否出版。于是，就有了这本书。

一开始我计划只介绍 G1GC 的实现，但是在写作过程中我渐渐改变了想法，觉得还是先写一些算法原理更有助于读者理解，这就是本书算法篇的写作契机。所以，算法篇其实是我从零开始写的。

就这样每天坚持写一点，我终于写完了这本书。很高兴它能够出现在各位读者的手中。

最近，我经常在电视或网上看到一些关于核电站的新闻。这让我总是不由自主地联想到 GC。

在日常生活中，我们通常意识不到核电站的存在。但是，我们用到的一部分电力其实正是由核电站来供应的。然而，一旦核电站出现问题，人们就会认为是核电站这个存在的“不好”。

在编程的时候，我们通常意识不到 GC 的存在。但是，我们之所以能够随意地创建对象，其实正是 GC 的功劳。然而，一旦应用程序因为 GC 而出现了一点问题，有些开发人员就会武断地认为 GC 很烦人。

在这里，我想说的并不是“我们应该时刻对 GC 心存感激”。其实 GC 带来的问题，对于深入研究它的人来说是很有趣的。

发生问题时感到厌烦是难免的，但是对于 GC 的研究者来说，这时应该做的就是努力解决问题。而且，解决问题的过程才是最有趣的。

我认为，GC 的魅力就在于这些“问题”。希望我们可以不断地解决各种问题，做出更好的东西。

好了，絮絮叨叨了这么多很抱歉，我们对 G1GC 算法的学习就到此结束吧。接下来，让我们一起迎接新的 GC 问题！

中村成洋

2011 年 4 月 16 日

写在实现篇完成之后

致想要深入研究 GC 的读者

这里我想给阅读完本书后还想要深入研究 GC 的读者，或是想要深入研究 HotSpotVM 的读者推荐一些我阅读过的图书、论文和文章。

首先，给想学习 HotSpotVM 中其他 GC 算法的读者推荐下面这篇论文。它讲的是被称为 CMS（也称为并发低暂停回收器）的 GC 算法。

- Tony Pnntezis, David Detlefs. A Generational Mostly-concurrent Garbage Collector [D]. ISMM 2000.

另外，如果想学习 ParallelGC，那么我建议读者阅读我在第 16 章的专栏中讲过的“工作窃取”。学习了上面这些内容后，在阅读 HotSpotVM 的源代码时碰到这些内容就非常容易理解了。

我自己在学习 HotSpotVM 的源码时还不太了解 Java 虚拟机的规范，所以非常费劲。具体来说，我当时不太理解栈图相关的内容。那时，我阅读了下面这本有关 Java 虚拟机规范的书。这本书写得非常好，给了我莫大的帮助。而且，它的内容还非常有意思。

- Tim London, 等. Java虚拟机规范（Java SE 8版）[M]. 爱飞翔, 等译. 北京：机械工业出版社, 2015.

至于 JIT，老实说，即使阅读了 HotSpotVM 的源代码，我也没搞懂。因此，我先阅读了下面的文章，之后才开始阅读源代码。

- 佑樹坂頂. OpenJDK Internals 1.0 documentaion. 2011.（日语）

另外，我还参考了下面这篇论文中有关 JIT 和栈图（论文中称为 oop map）的创建时机，以及安全点的内容。

- Thomas Kotzmann, et al. David CoxDesign of the Java HotSpotVM Client Compiler for Java 6[D]. TACO, 2008: 5(1-7).

如果感兴趣，请一边参考上面的资料，一边“啃”HotSpotVM 的源代码吧。

我们有缘再会！

中村成洋

2012 年 5 月 13 日

参考文献

[1] 中村成洋，相川光．垃圾回收的算法与实现 [M]. 丁灵，译．北京：人民邮电出版社，2016.

[2] Brian Goetz，Joshua Bloch，Doug Lea. Java 并发编程实战 [M]. 童云兰，译．北京：机械工业出版社，2012.

[3] David Detlefs, Christine Flood, Steve Heller, et al. Garbage-First Garbage Collection [J]. M, 2004.

[4] Darko Stefanović, Matthew Hertz, Stephen M. Blackburn, et al. Older-First garbage collection in practice: evaluation in a java virtual machine [J]. MSP 2002, ACM Press, 2002: 25-36.

[5] David F. Bacon, Perry Cheng, V. T. Rajan. A real-time garbage collector with low overhead and consistent utilization [J]. POPL 2003, ACM Press, 2003.

[6] Roger Henriksson. Scheduling Garbage Collection in Embedded Systems [J]. PhD thesis, Lund Institute of Technology, 1998.

[7] Brian Goetz, Robert Eckstein. An Introduction to Real-Time Java Technology:Part 1[EB/OL]. A Sun Developer Network Article, 2008.

[8] 桜庭祐一．Java SE 6 完全攻略 Garbage First GC[J/OL]. ITPro，2010.

[9] Tony Printezis. The Garbage-First Garbage Collector[EB/OL]. JavaOne, 2008.

[10] 武者晶紀．Practical Ruby Programming!——すぐできるスレッド [J]. 技術評論社 WEB+DB PRESS，2010：188-197.

[11] Xiao-Feng Li. GC safe-point (or safepoint) and safe-region[EB/OL]. Xiao-Feng Li, 2008.

[12] HotSpot Glossary of Terms[EB/OL]. Sun Microsystems Inc, 2006.

[13] 卜部昌平．最速の memset64 を求めて [EB/OL]. 卜部昌平のあまり reblog しない tumblr，2001.

[14] wocata. GCC のインラインアセンブラの書き方 for x86[EB/OL]. OS のようなもの，2009.

版 权 声 明